谁种谁赚钱·设施蔬菜技术丛书

豆类蔬菜设施栽培

常有宏　余文贵　陈　新　主　编
陈　新　王学军　袁星星 等　编　著

中国农业出版社

图书在版编目（CIP）数据

豆类蔬菜设施栽培/陈新等编著．—北京：中国农业出版社，2013.6（2015.9重印）

（谁种谁赚钱·设施蔬菜技术丛书/常有宏，余文贵，陈新主编）

ISBN 978-7-109-17932-5

Ⅰ.①豆… Ⅱ.①陈… Ⅲ.①豆类蔬菜-温室栽培 Ⅳ.①S626.5

中国版本图书馆CIP数据核字（2013）第124180号

中国农业出版社出版

（北京市朝阳区农展馆北路2号）

（邮政编码 100125）

责任编辑 杨天桥

北京中兴印刷有限公司印刷 新华书店北京发行所发行

2013年6月第1版 2015年9月北京第2次印刷

开本：850mm×1168mm 1/32 印张：5.5 插页：4

字数：135千字 印数：4 001～7 000册

定价：20.00元

编 著 者:

陈　新　王学军　袁星星
陈华涛　顾和平　崔晓艳
张红梅　余东梅　汪凯华
缪亚梅　郭　军　吴　春
杨加银　冷苏凤　宋锦花
刘凤军　李红飞　黄萍霞
崔　瑾　万云龙　李　洋
张晓艳　朱　旭　张丽亚
万正煌　张继君　杜成章
陈满峰

出版者的话

我国农民历来有一个习惯，不论政府是否号召，家家户户都要种菜。

在人民公社化时期，即使土地是集体的，政府也划给一家一户几分“自留地”种菜。白天，农民在集体的土地上种粮，到了收工的时候，不管天黑，也不顾饥肠辘辘，一放下工具就径直奔向自留地，侍弄自家的菜园。因为，种菜不仅可以满足一家人一年的生活，胆大的人还可以将剩余的菜“冒险”拿到市场上换钱。

实行分田到户后，伴随粮食的富余，种菜的农民越来越多。因为城里人对蔬菜种类和数量的需求日益增长，商品经济越来越活跃，使农民直接看到了种菜比种粮赚钱。

近一二十年来，市场越来越开放，农业生产分工越来越细，种菜的农民也越来越专业，他们不仅在露地大面积种菜，还建造塑料大棚、日光温室，甚至蔬菜工厂等，从事设施蔬菜生产。因为，在设施内种菜，可以不受季节限制，不仅一年四季都有新鲜菜上市，也为菜农增加了成倍的收入。

巨大的商机不仅让农民获得了实惠，也使政府找到了“抓手”。继“菜篮子工程”之后，近年来，各地政府又不断加大了对设施蔬菜的资金补贴，据 2010 年 12 月国家发展和改革委员会统计：北京市按中高档温室每亩 1.5 万元、简易温室 1 万元、钢架大棚 0.4 万元进行补贴；江苏省紧急安排 1 亿元蔬菜生产补贴，扩大冬种和设施蔬菜种植面积；陕西省安排补贴资金 2.5 亿元，其中对日光温室每亩补贴 1 200 元，设施大棚每亩补贴 750 元；宁夏对中部干旱和南部山区日光温室、大中拱棚、小拱棚建设每亩分别补贴3 000元、1 000元和200元……使设施蔬菜的发展势头迅猛。截止到2010年，我国设施蔬菜用20%的菜地面积，提供了40%的蔬菜产量和60%的产值（张志斌，2010）!

万事俱备，只欠东风。目前，各地菜农不缺资金、不愁市场，缺的是技术。在设施内种菜与露地不同，由于是人造环境，温、光、水、气、肥等条件需要人为调节和掌控，茬口安排、品种的生育特性要满足常年生产和市场供给的需要，病虫害和杂草的防控需要采用特殊的技术措施，蔬菜产品的质量必须达到国家标准。为了满足广大菜农对设施蔬菜生产技术的需求，我社策划出版了这套《谁种谁赚钱·设施蔬菜技术丛书》。本丛书由江苏省农业科学院组织蔬菜专家编写，选择栽培面积大、销路好、技术成熟的蔬菜种类，按单品种分16个单册出版。

由于编写时间紧，涉及蔬菜种类多，从选题分类、编写体例到技术内容等，多有不尽完善之处，敬请专家、读者指正。

2013年1月

目录

第一章

毛豆设施栽培

毛豆，也称菜用大豆、鲜食大豆，是指在大豆鼓粒后期荚色尚未转黄时采青作为蔬菜的大豆。毛豆作为菜用大豆的专用型种类，其生产和市场得到迅速发展，目前栽培面积超过800万亩，主产区为浙江、福建、江苏、山东、安徽等省，主要以鲜豆荚销往国内大中城市，部分优质产品也经过速冻等形式销往日本、韩国以及东南亚等多国。近几年，随着人们对毛豆营养价值的发现和重视，在欧美等国也逐渐掀起了“毛豆热”，毛豆的市场需求无论是在国内还是国外，都非常火爆。

一、毛豆生产发展概况

毛豆的开发利用是一个新兴产业，在20世纪80年代以来的农业产业结构调整中，已逐渐成为中国东南沿海地区重要的农业支柱产业。

(一) 毛豆生产发展的优势

1. 毛豆市场需求增大，加速了其产业化进程 随着人民生活水平的不断提高和保健意识的增强，毛豆的市场逐步拓展，通过合理搭配品种等，新鲜毛豆的供应期可从5月中旬一直延续到11月中旬，充分显示了毛豆市场潜力。另外，速冻毛豆又是出口创汇产品，进一步促进了毛豆生产的发展。

2. 种植业结构的调整，提供了市场机遇 种植业结构的调整，使农民可以按市场需求安排各种作物，毛豆具有节工省本，生育期短、利于后作等优点而逐渐显示出强大的生命力，在部分地区已形成一定的产业规模，如浙江萧山2009年毛豆面积发展到13.2万亩①，占大豆总面积的43%，年产大豆鲜荚6万吨。

3. 科技进步为毛豆产业化提供了支撑 优质早熟毛豆如萧矮早、台292、9701、台75等品种的引进和培育，拓展了毛豆市场；小拱棚覆膜栽培技术的应用，可使毛豆提早上市，经济效益明显提高；早播、密植、增肥高产栽培技术使毛豆单产跨上新台阶。另外，塑料大棚栽培技术、育苗移栽技术等的应用，促进了毛豆早播、早收和提早上市，利用时间差、地区差，增值增收；多种种植模式创新，更进一步发挥了毛豆的产业价值。近几年来，普遍采用的较为成功的模式主要有：青菜—毛豆—青菜，蚕豆—玉米间种大豆—大白菜或小麦—玉米间种大豆—马铃薯，水稻—毛豆。

（二）毛豆生产发展存在的问题

毛豆产业化发展还存在一些问题。主要表现为：

1. 高产抗病品种少 我国毛豆品种的育种研究仍处于起步阶段，引进推广的品种多属于春大豆，熟期相近，上市季节过于集中；引进的日本品种食味品质好，但植株矮小，多数品种对病毒病的抗性差；南方适宜种植的夏、秋季毛豆品种缺乏。

2. 种子质量低劣，成本高 南方毛豆主产区春季种子成熟时高温多雨，易致“胎萌”或劣变，次年播种发芽率低。春毛豆秋繁留种可保证种子质量，但产量较低、价格高，生产上大多采用北方繁种或当地留种；此外，一些品种的生态适应性问题没有解决，存在着退化现象。

3. 生产规模小 毛豆生产仍以家庭农户为主，生产规模大、集中连片种植的农场或专业户还不多见，造成生产成本较高。

4. 毛豆真正市场体系尚未建立，价格波动较大 目前，毛豆销售主要以农民直销和个体户贩销为主，缺乏正常供销渠道和

① 亩为我国非法定使用计量单位，15亩=1公顷。——编者注

龙头企业，由于种植规模、面积、上市时间、市场容量等原因，引起价格波动的现象依然存在，保证稳定供应市场的高产配套栽培技术体系尚未形成。

5. 加工工艺不过关，制约着产业化发展　毛豆初加工的颜色和品质还未达到出口标准，影响创汇；手工采摘豆荚费工费时，机械采收还存在一些技术难题。

（三）毛豆生产发展前景

菜用大豆（毛豆）与收获干籽的大豆相比，具有生育期短、利于后作、经济效益和营养价值高等优点，可充分利用闲暇劳动力，调整种植结构，因而产业化前景广阔。随着国外市场的进一步开拓及人们的生活水平提高，菜用大豆生产规模将随着城乡居民对健康食品需求量的不断增大而逐步扩大。在过去的十几年里，我国菜用大豆的生产和出口发展迅速，现已成为世界上最大的菜用大豆生产国和出口国；速冻毛豆已成为东南沿海地区重要的出口农产品。我国劳动力价格较为低廉，土地资源相对充足，种植及消费毛豆的历史悠久；距主要进口国较近，且具有较强的加工能力。近几年，我国科技人员加大了菜用大豆的栽培研究，显著提高了菜用大豆的产量和品质，同时研究建立了菜用大豆与蔬菜、粮食作物的多种轮作茬口模式，有效地推进了我国农业种植业结构的调整。今后，应进一步加强新品种选育、栽培、加工、储藏技术、转基因等方面的研究，尽快解决抗病性、适应性和品质欠佳等问题，向规模化、集约化、机械化方向发展，挖掘菜用大豆的增产增效潜力，提高菜用大豆产业化水平。

二、毛豆生物学特性

（一）形态特征

毛豆为豆科一年生草本植物。植株高 30～150 厘米，茎粗壮，方菱形。嫩茎绿色或棕绿色，14～15 节，有 2～3 个分枝，多者有10个以上。叶为3小叶组成，复叶、茎和叶上都生有灰色或棕色毛茸，为分类的标志之一。主根不发达，有根瘤。花细小，颜色有白色、淡紫色和紫色，簇生于各节叶腋或枝腋间、短总状花序，每花序结3～5荚，每荚含种子1～4粒。种子大小、形状和颜色因品种而异，有椭圆、扁椭圆、长椭圆或肾形等，色泽有黄、青、黑、褐及有斑纹的双色等，种子内无胚乳，而具有2个充满养分的子叶（豆瓣），种子千粒重100～500克。

1. 根 毛豆根系发达，主根深约90厘米。根系易木栓化，再生能力差，属于不耐移栽的蔬菜，适宜多行直播。好气性强，适宜在土壤肥沃、活土层深厚、有机质含量高的沙质土壤中栽培。根部有强壮的根瘤菌共生，固氮能力强，可有效改善土质，培肥地力。根瘤菌是杆状好气性细菌，其繁殖需要从毛豆植株得到碳水化合物和磷，因此施用磷肥、培育壮苗，使植株能充分供应根瘤菌所需的营养物质，使根瘤形成早，数量多，从而固氮多，植株生长旺盛。

2. 茎 有限生长型的直立性品种较好，茎秆坚韧，呈不规则棱角状，株高30～100厘米，一般有14～15个节位。

3. 叶 初生真叶为对叶，以后真叶由3片三叶组成的复叶，互生。栽培种的茎、叶、荚上有茸毛。

4. 花 毛豆是短日照作物，花细小，无香味，有紫、白两种，花序腋生，为短总状花序，花序着生8～10朵花，花期1～2天，花开放前已完成自花授粉，每花序结荚3～5个，每荚结籽1～4粒。花期要注意给毛豆补充足够的营养，防止由于供应不足造成落花。

5. 荚果 荚果鲜嫩，一般为黄绿色或黄色，以煮食为主。

6. 种子 有大小之分，颜色有黄、黑等色。

（二）生长习性

毛豆为短日照作物，只有当它对短日照的最低要求得到满足后才能开花结实。当白天光照时数少而黑夜时数多时即可提早开花结实，但植株矮小；在昼长夜短条件下，开花期延长，植株高大繁茂。一般说，北方无限生长型多属短光性弱的品种，这类品种种植在光照较短的南方，弱的短光照很快得到满足，往往提早开花，生长矮小，产量低；南方短日照强的品种北移，由于强的短光照条件得不到满足，则茎叶生长繁茂，开花延迟，表现为迟熟。南方有限生长型中很多属中光性对日照反应不敏感的早熟种，无论早春或夏秋均可播种，开花结荚；中晚熟种对日照要求较严，一般于6～7月播种，若提早播种，生长期延长。因此，从纬度相差较大的地方引种时，应注意不同品种特性，否则不能得到良好的效果。

（三）对环境条件的要求

1. 温度　毛豆喜温暖气候，种子发芽温度12～15℃，以15～20℃为宜。温度低，发芽慢，种子容易腐烂，幼苗生长力弱；苗期虽能耐－2～－5℃的短时低温，但很大程度上延缓了毛豆的生长发育。生长适温为20～25℃，低于此温，延迟结荚，低于14℃不能开花；温度过高，植株提早结束生长。1～2.5℃时植株受害，－3℃时植株死亡。

2. 光照　毛豆属短日照植物，南方生长的毛豆属有限生长类型，早熟品种对光照要求不严格；北方生长的毛豆属无限生长类型，晚熟品种属短日照型。故北种南移时，往往提早开花；南种北移时，往往枝叶茂盛，延迟开花。因此，引种时一定要注意各品种的日照要求，尤其是北种南引时一定要百倍小心，以免导致引种不当，造成不应有的损失。

3. 水分　毛豆种子发芽需要充足的水分，若田间土壤墒情不足，可在播种前4～5天浇一次水，达到墒情时再播种，以保证齐苗。开花结荚期需要较多水分，保证土壤含水量达到70%～80%，否则蕾铃脱落严重。可灌跑马水，畦面湿润后立即排水，若遇阴雨天气要及时清理厢沟，达到雨停田干。

4. 土壤　毛豆对土壤要求不严格，但以含钙丰富、土层深厚、有机质多的土壤为好，其产量和品质最高。干燥地区宜选用耐旱性强的小、中粒种，湿润地区可选用有限生长类型。开花前吸肥总量占不到总量的15%，而开花结荚期吸肥量达80%以上，因此要重点保证花期的肥料供应。此时施肥以氮肥为主，配施磷肥。磷缺乏，可减少分枝和开花数，落花数增多；磷肥充足，则能促进根系生长，体内代谢过程加速，根瘤菌活动增强，豆荚成熟早。钾缺乏时，出现“金镶边”现象，要及时喷施0.2%～0.3%磷酸二氢钾液，每亩60千克，连喷2～3次，可改善此状。

5. 气体 毛豆属深根系作物，其根系可下扎90厘米。毛豆在生长过程中需要吸收空气中的二氧化碳气体，以满足其生长发育需要。若能在空气中增加二氧化碳的含量，其光合作用就会大大增强，从而达到增产目的。

当空气中二氧化碳含量为200毫克/千克时，不能满足毛豆生长需要，有的甚至低于一般作物光补偿点60～150毫克/千克，这时，必须人工增施二氧化碳气肥，以弥补当温、光、水、肥等条件都满足而二氧化碳不足时对产量的限制。

使用二氧化碳发生器，不仅可得到优质肥料硫酸铵，还能保护环境，尤其是施用二氧化碳气体，能显著地促进毛豆前期生长，为提早开花、结实创造良好条件。

6. 土壤含氧量 毛豆主根长，其土壤含氧量对其产量影响极大。如果土壤含氧量能满足其生长发育需要，则会吸收足够的水肥供应地上部分生长；反之，则会因水肥供应不足而使地上部分发育不良，直接影响上市期和产量。

如果土壤长期积水，会使土壤含氧量大幅度降低，极易发生根腐烂。因此，在多雨季节要及时清理厢沟，达到雨停田干。若在干旱时灌水，宜灌跑马水，畦面湿润后排水，使根系始终保持旺盛的生产力，为植株地上部分生长提供足够的营养，以获得高产、高效益。

三、毛豆主要品种类型与分布

（一）毛豆品种分类

1. 按生长习性分类 毛豆按生长与结荚习性可分为无限生长型、半有限生长型和有限生长型三种类型。

（1）无限生长型 茎蔓生，分枝性强，叶小而多，能继续向上生长，豆荚均匀分布在主茎和侧枝上，愈往主茎和分枝上部豆荚愈少，至顶端往往只有小的一二粒豆荚，开花期较长，产量高。北方栽培较多，南方多雨和肥水条件好时易徒长倒伏。

（2）有限生长型 茎直立，叶大而少，顶芽为花芽，豆荚集中在主茎上，主茎和分枝顶端有明显的荚簇，主茎不能继续生长，植株较矮，直立不倒，喜肥水。南方栽培较多。

（3）半有限生长型 介于上述两者之间。主茎较高，一般不易倒，主茎结荚较多，主茎和分枝顶端也结有两三个比较大的豆荚。在栽培条件较好时能获高产。

2. 按生育期长短分类 菜用大豆（毛豆）品种按其生育期分为早、中、晚熟三种类型。

（1）早熟种 生育期 90 天以内、长江流域作为早熟栽培，于 5 月下旬至 6 月下旬采收。如杭州五月白、上海三月黄、南京五月乌、武汉黑毛豆、成都白水豆等。

（2）中熟种 生育期 90～120 天。如杭州、无锡六月白，南京白毛六月黄，武汉六月炸，于 7 月上旬至 8 月上旬收获。

（3）晚熟种 生育期 120 天以上。品质最佳，9 月下旬至 10 月下旬收获。如上海酱油豆、慈姑青、杭州五香毛豆、南京大青豆等。

毛豆开花与日照长短有关。毛豆为短日照作物，但有的品种在长日照、短日照条件下都能开花，早熟毛豆就属于这一类，因此，它既能早播也能晚播，产量不受影响；而晚熟品种对短日照要求严格，提早播种虽然茎叶繁茂，但并不能提早开花结荚。

按种植季节可分为春播毛豆、夏播毛豆。

（二）毛豆品种介绍

1. 春播毛豆

（1）苏早1号　早熟品种。原名早选3号，江苏省农业科学院经济作物研究所1999年选育。播种至采收期69天，有限结荚习性，白花，灰毛，叶卵圆形，株高中等，百粒鲜重70.7克，属大粒品种，适于外贸出口。较耐病毒病。籽粒糯性好，易剥壳。蛋白质含量41%。平均亩产鲜荚856.5千克，鲜粒产量368.7千克。

（2）早生翠鸟　早熟品种。原名新引5号，江苏省农业科学院蔬菜所1999年选育。全生育期68天，出苗势强，幼茎深绿色。叶卵圆形，叶色深绿，白花，灰毛，成株有限结荚习性，株型较紧凑。株高25.3厘米，主茎9.2节，结荚高度9.15厘米，分枝2.35个，单株结荚20.65个，出仁率55.15%，百粒鲜重63.6克。豆仁有甜味，糯性好，品质佳。干籽粒种皮浅绿色，平均亩产鲜荚619.9千克，鲜粒产量349.6千克。

（3）沪宁95-1　早熟品种。南京农业大学和上海市农业科学院联合选育。从播种到采收65天，极早熟，有限生长型。株高40厘米，分枝2～3个，节间数9～11节，叶卵圆形，花淡紫色，茸毛灰绿色，有限结荚习性，荚多而密，平均单株结荚43个，平均单株荚重58克，最多可达115克，鲜豆百粒重65～70克。豆粒鲜绿，容易烧酥，口感甜糯，食味佳。长江流域1～4月播种，一般亩产500千克以上。适宜保护地种植，上市早，效益高。

（4）21-11　早熟品种。南京农业大学大豆所育成，2004年通过审定。每公顷产鲜荚8 674.5千克。每公顷产鲜粒4 641千克。该品系全生育期89天，白花，灰毛，抗病毒能力较强。株高24厘米，百粒鲜重64.5克，出仁率53.5%。豆仁品质佳。全生育期较短，卖相好，产值高。植株较矮，荚色浅绿，豆仁糯性强，适口性好。

（5）黑脐豆1号　早熟品种。江苏省农业科学院蔬菜所育成。一般每公顷产鲜豆荚10 500千克，高产田块可达12 000千克。亚有限结荚习性，紫花，灰毛，抗倒伏性强。干籽粒百粒重25～27克，紫粒圆，黑脐，一般3月底播种，6月中旬开始采鲜荚。

（6）辽鲜1号　早熟品种。辽宁省农业科学院育成的鲜食专用大豆新品种。有限生长型，株高40～50厘米，鲜荚大，色翠绿，品质优，鲜食无渣，熟期早，豆秆矮壮，抗病性强。在沈阳地区生育期105～110天。适于南、北方栽培。长江流域1～3月播种，出苗后65天即可上市，全生育期80～85天，圆叶、白花、茸毛白色，种皮绿色，亩产鲜荚700千克左右。地膜覆盖栽培3月20日前后播种，露地4月5日前后播种，一般6月中下旬采收鲜荚。

（7）春丰早　早熟品种。原名北国早生，浙江省农业新品种引进开发中心从日本东北种苗株式会社引进的鲜食春大豆品种，2001年通过省品种审定委员会审定。早熟，有限生长型，株高40厘米左右，分枝性中等，叶绿，叶柄较短，主枝第4节着生第一穗花，白花，结荚密，茸毛白色，2～3粒荚为主。鲜豆粒绿色，种子扁圆形，种皮浅绿色，光滑。种脐浅褐色，种子百粒重33克左右。宜保护地早熟栽培。除鲜销外，也适合加工出口。

（8）青酥3号　早熟品种。上海市农业科学院选育。株型直立，株高28～30厘米，有限结荚，主茎8节，分枝2～3个，卵圆叶，白花。单株结荚20～25个，其中2～3粒荚比例73%以上。荚色绿，荚毛灰白稀疏，2～3粒荚长5.13厘米，宽1.12厘米，出仁率55%。平均单粒鲜豆重0.67克，被覆绒膜，易烧煮，糯性，微甜，速冻后不变硬。单粒干籽重0.133克，种皮浅绿，种脐色淡，籽粒扁椭圆形。耐肥水，抗倒伏，对病毒病抗性强。对光周期不敏感。适合华东地区春播大、中、小棚覆盖栽培。

(9) 苏豆8号　早中熟品种。江苏省农业科学院蔬菜研究所育成的南方春大豆类型早中熟新品种，2010年通过全国农作物审定委员会审定。全生育期101天。白花，灰毛，有限结荚习性。株高50厘米，分枝数2.5个，单株荚数30个，百粒重18.6克。种皮黄色，种脐淡褐色。田间植株表现不倒伏，不裂荚，落叶性好，抗病毒病。蛋白质含量41.63%，脂肪含量21.52%，蛋白质+脂肪总含量63.15%。一般亩产200千克。

(10) 青酥5号　中早熟品种。上海市农业科学院选育。全生育期84天，株型直立收敛，株高33.7厘米，有限结荚，主茎8～9节，分枝2～3个，白花，灰毛。单株结荚25.95个，其中2～3粒荚比例72.16%。鲜荚绿色，每500克标准荚数196个，鲜豆百粒重77.65克，荚壳薄，籽粒饱满，易烧煮，吃口糯性，微甜，速冻后不变硬，口感品质佳。对光周期反应不敏感，栽培适应性广。

(11) 日本晴3号　中熟品种。江苏省农业科学院1999年育成。播种至采收85天。有限结荚习性，白花，灰毛，叶卵圆形，株高中等，粒大，百粒鲜重约67克，糯性好，易剥壳。蛋白质含量41%，出籽率57%。平均亩产鲜荚690.20千克，产鲜粒403.42千克。

(12) 苏豆5号　中熟品种，原名苏鲜4号，江苏省农业科学院蔬菜研究所2003年育成。播种至采收85天，出苗势强，幼茎绿色，叶片卵圆形，深绿色。植株直立，有限结荚习性，紫花，鲜荚弯镰形，茸毛灰色。株高42.2厘米，主茎10.4节，分枝1.9个，单株结荚21.4个，多粒荚占59.4%，每千克标准荚410.5个，2粒荚长5.1厘米，宽1.3厘米，鲜百粒重65.0克，出仁率52.3%。煮食口感香甜柔糯。干籽粒种皮黄色，子叶黄色。中感花叶病毒病。田间花叶病毒病发生较轻，抗倒伏。亩产鲜荚686.6千克，鲜粒361.1千克。

（13）台湾 75　中熟品种。台湾省品种，播种至采收 83 天。株型紧凑，株高 50～60 厘米，茎秆粗壮，抗倒伏。结荚较疏，单株有效荚数 20～23 个，豆荚较其他品种略宽、略大。鲜荚色泽翠绿，灰毛，百荚鲜重 280 克左右，亩产鲜荚 500～600 千克。清香可口，糯性好。采收期、保鲜期均较长。近年已成为鲜豆速冻出口的主要品种。

（14）台湾 292　台湾省品种，中熟，品质优良。播种至嫩荚采收约 84 天。有限结荚习性，株高 35～40 厘米，幼苗主茎紫色，主茎 6～8 节，分枝性较弱。花紫色，单株结荚 15～20 个，底荚高 10 厘米左右，荚粗，粒大，茸毛白，外观美，味甜，带香味，品质佳。适宜鲜食和加工速冻出口。不易裂荚，种皮黄色，种子近圆形，百粒重 25 克左右，耐肥力强，不易倒伏。抗病性较强。一般亩产鲜荚 500 千克左右。

（15）淮阴 75　中熟品种。江苏省淮安市农业科学研究所育成。2003 年每公顷产鲜荚 8 869.5 千克，2004 年通过审定。适合淮北地区种植，每公顷产鲜粒 4 701 千克。全生育期 90 天，白花，灰毛，叶形卵圆，叶色深绿，有限结荚习性，较抗病毒病。株高 36.1 厘米，分枝 1.9 个，主茎 9.4 节，单株 20.7 荚，百粒鲜重 66.6 克，为所有参试品系最高，出仁率 53.0%，豆仁稍有甜味，糯性好，品质佳。

（16）浙农 6 号　中熟品种。浙江省农业科学院蔬菜研究所从台湾 75/2808 选育而成。出苗至采鲜荚 86.4 天，比台湾 75 短 3.8 天。有限结荚习性，株型收敛，株高 36.5 厘米，主茎节数 8.5 个，有效分枝 3.7 个。叶片卵圆形，白花，灰毛，青荚绿色，微弯镰形。单株有效荚数 20.3 个，标准荚长 6.2 厘米，宽 1.4 厘米，每荚粒数 2.0 粒，鲜百荚重 294.2 克，鲜百粒重 76.8 克。淀粉含量 5.2%，可溶性总糖含量 3.8%，口感柔糯，略甜，品质优。3 月中下旬至 4 月上中旬播种，亩用种量约 5 千克。不抗病毒病。田间生长整齐一致，长势较强，产量高，品质优，商品性好。适宜在浙江省作春季菜用大豆种植。

（17）浙农8号　中熟品种。浙江省农业科学院蔬菜研究所选育。出苗至采鲜荚85.0天，比台湾75短5.2天。有限结荚习性，株型收敛，株高27.2厘米，主茎节数7.7个，有效分枝3.8个。叶片卵圆形，大小中等，白花，灰毛，青荚绿色，微弯镰形。单株有效荚数22.0个，标准荚长5.2厘米，宽1.3厘米，平均每荚粒数2.1粒，鲜百荚重254.2克，鲜百粒重70.3克。淀粉含量4.2%，可溶性总糖含量2.3%，口感较糯，品质较优。抗病毒病。3月中下旬至4月上中旬播种，亩用种量约6千克，苗期应早管促早发。适宜在浙江省作春季菜用大豆种植。

（18）浙鲜豆6号　原名浙5602。中熟品种。浙江省农业科学院选育。播种至采收85天，比台湾75短5.2天。有限结荚习性，株高37.5厘米，株型收敛，主茎节数9.1个，有效分枝3.9个。叶片卵圆形，白花，灰毛，青荚淡绿色，镰刀形。单株有效荚数25.7个，标准荚长5.6厘米，宽1.3厘米，每荚粒数1.9粒，百荚鲜重245.7克，百粒鲜重68.1克。干籽种皮黄色，百粒重32克。淀粉含量4.6%，可溶性总糖含量3.5%。中感大豆花叶病毒。适当早播，适时采收，提高鲜荚商品性。丰产性好，商品性较好。适宜在浙江省作春季菜用大豆种植。

（19）浙鲜豆4号　中熟品种。浙江省农业科学院育成的菜用大豆新品种，2007年通过国家农作物品种审定委员会审定。母本是从日本引进的菜用大豆品种矮脚白毛，为灰毛、白花、中熟菜用型春大豆，田间表现较抗倒伏，抗病毒病。父本AGS292是亚洲蔬菜研究发展中心（AVRDC）选育的菜用大豆品种，田间表现早熟、紫花、大荚，鲜食品质较好，但对倒伏和病毒病的抗性较差。有限结荚类型，株高30～35厘米，株型紧凑，主茎节数9.7个，分枝数1.8个，叶片卵圆形，中等大小，灰毛，紫花，单株荚数30个左右，多粒荚率69.3%，成熟种子黄皮，子叶黄色，脐色黄，百粒鲜重约60克，百粒干重30.1克。播种到采收青荚约81天。适宜上海、江苏、安徽、浙江、江西、湖南、湖北、海南等地春播栽培。

（20）交大02-89　中熟品种。上海交通大学育成。平均生育期88天，紫花，灰毛，株高36.8厘米，主茎节数9.3个，分枝数2.7个，单株荚数27.7个，单株鲜荚重44.7克，每500克标准荚数188个，荚长5.3厘米，荚宽1.3厘米，标准荚率67.9%，百粒鲜重68.1克。香甜柔糯。鲜荚绿色，种皮黄色。

（21）毛豆3号　中熟品种。从台湾引进。春播出苗至采青平均76.7天。株型收敛，有限结荚习性，叶形椭圆，幼茎绿色，白花，茸毛白色，籽粒椭圆，鲜籽粒淡绿色，无脐色。成熟籽粒种皮淡绿色，脐淡黄色。平均株高34.0厘米，茎粗0.65厘米，主茎节数8.4个，有效分枝数2.6个，单株有效荚数20.0个，标准荚数10.7个，标准荚长6.06厘米，宽1.34厘米，每千克标准荚数293.8个，单株荚重56.8克，鲜百粒重79.8克。适宜福建省大豆产区种植。

（22）淮哈豆1号　中熟品种。江苏淮阴农业科学研究所与黑龙江农业科学院大豆所合作选育。出苗至采收鲜荚80天左右。有限结荚习性，植株中等高度，株高50～55厘米，结荚高度8～10厘米，主茎13节。分枝1～2个，叶片卵圆形、色绿，花紫色。单株结荚25～30个，荚长4～6厘米，荚宽1.1～1.2厘米。3粒荚较多。青荚直形，深绿色，茸毛灰白色。鲜豆仁百粒重50～55克，粒荚比1∶0.8。干籽粒圆形，淡脐，黄色，百粒重24～26克。干籽粒粗蛋白质含量43.4%，粗脂肪19.4%。抗倒伏性较强。苗期和花期中抗花叶病毒病。适宜江淮下游地区春季种植。

（23）苏奎1号　晚熟品种。江苏省农业科学院蔬菜所经台湾292和日本晴3号杂交选育而成。出苗较快，苗期生长势较强，3月25～30日播种，一般4月上旬。播种至青荚采收105天。白花，灰毛，叶披针形。有限结荚习性，株型收敛，株高

38.32 厘米，主茎节数 10.60 个，单株分枝 2.57 个，单株平均结荚 31.25 个，标准荚率 63.09%。每千克标准荚 345.83 个，鲜荚深绿色，荚长 5.87 厘米，荚宽 1.31 厘米。百粒鲜重 65.87 克。鲜食口感香甜柔糯，抗倒性较好。综合性状优良，标准荚长度符合鲜食大豆要求。优质，高产，平均亩产 700 千克左右。生育期适中，豆荚较大，百粒鲜重较大，可达 70 克左右。抗倒伏性强。(见彩图)

(24) 徐春 2 号　晚熟品种。原名徐春系 128。江苏徐州农业科学研究所 2003 年育成。播种至采收 94 天，出苗势强，幼茎淡绿色，叶片卵圆形，绿色。植株直立，有限结荚习性，白花，鲜荚弯镰型，茸毛灰色。株高 28.2 厘米，主茎 8.2 节，分枝 2.7 个，单株结荚 22.4 个，多粒荚占 62.5%，每千克标准荚 373.5 个，2 粒荚长 4.9 厘米，宽 1.3 厘米，鲜百粒重 65.0 克，出仁率 55.5%。煮食口感香甜柔糯。干籽粒椭圆形，种皮绿色，子叶黄色，种脐深褐色，百粒重 26 克。中抗花叶病毒病，田间花叶病毒病发生轻，抗倒伏。亩产鲜荚 729.4 千克，鲜粒 398.8 千克。

(25) 通酥 1 号　晚熟品种。原名通酥 526。江苏沿江地区农业科学研究所 2002 年育成。播种至采收 91 天，株高 30.6 厘米，主茎 9.2 节，结荚高度 9.2 厘米，分枝 1.9 个，单株结荚 21.0 个，多粒荚占 69.5%，百粒鲜重 58.0 克，出仁率 58.8%。出苗势强，幼茎绿色。叶卵圆形，叶色淡绿。白花，鲜荚茸毛稀疏，浅棕色，豆荚呈亮绿色。有限结荚习性，株型较紧凑。食煮豆仁有甜味，糯性中等。干籽粒种皮绿色，子叶黄色。田间花叶病毒病发生较轻，抗倒伏性强。平均亩产鲜荚 718.3 千克，鲜粒 422.4 千克。

2. 夏播毛豆

(1) 新大粒 1 号　中熟品种。江苏省农业科学院蔬菜研究所从日本引进地方品种丹波豆变异群体中经多代单株选择而成。紫花，棕毛，叶卵圆形。有限结荚习性，株型半开张。播种至青荚采收108天，较绿宝珠迟熟13.80天。株高79.20厘米，分枝2.90个，主茎节数17.90，单株结荚43.50，标准荚长5.81厘米，宽1.37厘米，每千克标准荚数189.90个，百粒鲜重150.00克，出仁率55.06%，口感香甜柔糯。干种子百粒重55克左右，种皮黑色。鲜豆仁在嫩荚采收较早时为绿色，嫩豆荚采收较晚时为紫色。苏南6月底播种，苏北6月15～20日播种。

（2）通豆6号 中熟品种。原名天鹅蛋1号。江苏沿江地区农业科学研究所2004年育成。出苗势强，幼苗基部绿色，生长稳健，叶片较大，卵圆形，叶色深。植株直立，有限结荚习性，紫花，鲜荚深绿色，茸毛灰色。株高69.9厘米，主茎13.8节，分枝2.3个，单株结荚27个，多粒荚占71.4%，每千克标准荚364.3个，2粒荚长5.7厘米，宽1.3厘米，鲜百粒重70.2克，出仁率52.3%。煮食口感香甜柔糯。干籽粒种皮绿色，子叶黄色。中抗花叶病毒病，田间花叶病毒病发生较轻，抗倒伏。亩产鲜荚833.8千克，鲜粒450.2千克。

（3）淮豆10号 中熟品种。原名淮03-16。江苏淮阴农业科学研究所2003年育成。出苗势强，生长稳健，叶片较大，卵圆形，叶片绿色。植株直立，有限结荚习性，紫花，鲜荚深绿色，茸毛灰色。株高63.0厘米，主茎13.8节，分枝2.2个，单株结荚31.2个，多粒荚占71.2%，每千克标准荚450.0个，2粒荚长5.4厘米，宽1.2厘米，百粒鲜重51.8克，出仁率50.0%。煮食口感香甜柔糯。干籽粒椭圆形，种皮绿色。田间花叶病毒病自然发生较轻。抗倒伏。亩产鲜荚715.8千克，鲜粒357.5千克。

（4）夏丰2008 中熟品种。浙江省农业科学院蔬菜研究所选育的优质夏毛豆专用新品种，可有效补充夏秋季菜用毛豆的市场淡季，延长菜用毛豆的供应期。有限结荚型，耐高温性强，夏播出苗整齐，生长势旺，根系发达，茎秆粗壮，株型紧凑，抗病性强，耐肥，抗倒性好，生育期 80 天。株高 58 厘米左右，白花，单株结荚 32 个左右，3 粒荚比例高，商品性好，豆荚鲜绿，灰毛，荚宽 1.2～1.3 厘米，荚长 5.1 厘米。豆粒种皮绿色，有光泽，籽粒饱满，百粒鲜豆重 73.9，肉质细糯，略带甜味，易煮酥，口感好，品质优，适于作鲜食、速冻和脱水加工。一般亩产鲜荚 520～540 千克。

（5）苏豆 6 号　晚熟品种。原名苏鲜 1 号。江苏省农业科学院蔬菜研究所 2004 年育成。出苗势强，生长稳健，叶片较大，卵圆形，叶色淡绿。植株直立，有限结荚习性，紫花，鲜荚弯镰刀型，茸毛灰色。播种至采收 100 天，株高 68.5 厘米，主茎 14.0 节，分枝 2.3 个，单株结荚 28.0 个，多粒荚占 64.6%，每千克标准荚 413.3 个，2 粒荚长 5.6 厘米，宽 1.3 厘米，百粒鲜重 63.8 克，出仁率 52.7%。煮食口感香甜柔糯。干籽粒圆形，种皮黄色。感花叶病毒病，田间花叶病毒病自然发生轻。抗倒性好。亩产鲜荚 749.5 千克，鲜粒 376.1 千克。

（6）苏豆 7 号　晚熟品种。江苏省农业科学院蔬菜研究所选育。夏播适宜播期 6 月 15 日至 6 月 30 日，播前晒种 1～2 天，以提高发芽率。出苗势强，生长稳健，叶片较大，卵圆形。株型半开张，有限结荚习性。紫花，鲜荚绿色，茸毛灰色。播种至鲜荚采收 106.5 天，株高 92.41 厘米，主茎 16.94 节，分枝 3.85 个，单株结荚 45.26 个，多粒荚个数百分率 63.95%，每千克标准荚 270.86 个，2 粒荚长 5.73 厘米，宽 1.49 厘米，百粒鲜重 91.25 克，出仁率 54.88%。口感品质香甜柔糯。中抗大豆花叶病毒病。优质，平均亩产 650 千克。生育期适中。豆荚较大，百粒鲜重可达 80 克以上。抗倒伏性强。

（7）通豆 5 号　晚熟品种。江苏沿江地区农业科学研究所 2004 年育成。出苗势强，幼苗基部绿色，生长稳健，叶片较大，卵圆形，叶色深。植株直立，有限结荚习性，紫花。鲜荚深绿色，茸毛灰色。播种至采收 107 天，株高 83.0 厘米，主茎 15.8

节，分枝 2.9 个，单株结荚 29.9 个，多粒荚占 63.2%，每千克标准荚 326.0 个，2 粒荚长 5.8 厘米，宽 1.4 厘米，鲜百粒重 78.2 克，出仁率 54.2%。煮食口感香甜柔糯。干籽粒种皮黄色，子叶黄色。中抗花叶病毒病，抗倒伏。亩产鲜荚 824.4 千克，鲜粒 445.2 千克。

（8）楚秀　晚熟品种。江苏淮阴农业科学研究所育成。一般亩产鲜荚 600～650 千克。种子黄皮，子叶黄色，籽粒椭圆形，种脐淡褐，干种子百粒重 28～30 克。株高 95～100 厘米，结荚高度 20 厘米，单株分枝 2 个左右，主茎 12～13 节，单株结荚 35～40 个，豆荚弯镰形，3 粒荚多，鲜荚可作外贸出口商品。是淮河两岸菜用大豆的理想品种。

四、毛豆设施栽培技术

毛豆喜温怕涝，适宜于夏季高温的温带地区。种子发芽温度 10～11℃，15～20℃发芽快。苗期耐短时间低温，适温 20～25℃，低于 14℃不能开花。生长后期对温度敏感，温度过高提早结束生长，过低，种子不能完全成熟。1～3℃植株受害，－3℃受冻死亡。毛豆为短日照作物，有限生长早熟种对光照长短要求不严，无限生长晚熟种属短日照作物，北种南移提早开花，南种北移延迟开花。毛豆需水量较多，种子发芽需吸收大于种子重量的水分，苗期需土壤持水量 60%～65%、分枝期 65%～70%、开花结荚期 70%～80%、荚果膨大期 70～75%。毛豆对土质要求不严，以土层深厚、排水良好、富含钙质及有机质土壤为好，pH6.5。需大量磷、钾肥，磷肥有保花保荚、保进根系生长、增强根瘤菌活动的作用，缺钾则叶子变黄。毛豆从播种到第一朵花形成为生育前期，开花前 30 天左右开始花芽分化，这一时期以营养生长为主，是营养物质积累期。开花期 14～30 天，这时期生长最旺盛，营养生长与生殖生长同时进行，花后 2 周，豆粒急剧增大，需大量水分、养分，肥水供应不足，引起植物早衰，造成落花落荚。一般露地播种适期在4月上旬，6月下旬可采收鲜荚上市。采用地膜加小拱棚栽培在2月下旬播种，地膜栽培在3月中下旬播种，早春大中棚栽培可提前至2月中下旬播种，5月初可上市，亩产值2 000～3 000元。

（一）早春毛豆地膜覆盖栽培

在我国北部积温低的地区和长江流域地区，早春播种毛豆用地膜覆盖栽培技术，能大幅度提高大豆单产，提早上市，相对大棚毛豆成本低得多，其主要原因：一是能提早播种，延长大豆生长期，覆膜栽培播期一般较正常播期提早10～15天，如适当选用偏晚熟品种，生长期将延长，有利于大豆增产；二是可增加土壤温度，保墒蓄水，覆膜后耕层土壤温度较露地提高2℃以上，水分增加1%左右；三是覆膜可抑制大豆苗期杂草，避免重复用药；四是覆膜能促进大豆营养生长和生殖生长，除了加快大豆生长速度，还能增加主茎节数和分枝数，增加叶面积，推迟叶片衰老。大豆开花和成熟相应提早2～3天，单株荚数和粒重都有所增加。覆膜毛豆要增产，一是要选用熟期适中的品种，如果要求早上市，则要选用早熟品种，为获得高产，中晚熟品种比较合适，一般比正常播种品种晚10天左右的品种容易获得高产；二是播后覆膜前进行化学除草；三是要及时破膜或扩孔放苗；四是重施叶面肥防早衰，一般应在分枝期和花荚期各用一次。

1. 品种选择 地膜栽培可选择台75、台292、早生翠鸟等品种。

2. 播种育苗

（1）播种时间 影响早春毛豆播种期的主要因素是温度。一般在土壤5～10厘米土层日平均地温达到12～15℃时播种较为适宜。据土温测定，地膜＋小拱棚覆盖温度通过时间为2月下旬至3月上旬，而地膜覆盖的在3月中旬，结合出苗率、产量综合分析，采用小拱棚＋地膜覆盖育苗的适播期为2月25日至3月15日，地膜直播适播期则为3月10日至3月13日。

（2）育苗方式　根据早春季节低温阴雨天气较多的气候特点，为保证大田毛豆种植密度，江苏一般采用育苗移栽为好，选地势高燥、排水良好地块作苗床，播前深翻晒土。由于毛豆苗期短，子叶肥厚，苗期营养以子叶供应为主，若苗床土为菜园土，养分充足，可不必施肥；若为水稻土，则结合整地亩施磷肥 40 千克、钾肥 5 千克作底肥。按苗床宽 1～1.1 米作畦。播种选晴天上午进行。把精选后粒大饱满、无病斑、虫蛀的种子撒播到苗床上，以种子不重叠为宜，播种量 1 千克/米^2 左右。播后覆盖 2～3 厘米细松土，然后平铺一层地膜，用 2 米长拱形竹搭好小拱棚，盖好棚膜，并用土密封。苗床管理，棚四周开挖深沟，沟深 25 厘米，保证雨天排水畅通，以免苗床水分过多，引起烂种；出苗前密闭棚膜保温保湿，出苗后（一般播后 10 天左右）及时揭掉地膜，棚温白天保持 20～25℃，夜间 13～17℃；适时移栽，毛豆根系再生能力较弱，需严格掌握移栽期，一般以子叶展开到第一对真叶抽生（即出苗后一周左右）为最佳移栽期。

3. 整地作畦　毛豆对土质要求不严，但要获得较高产量应选择土层深厚、排水良好、含有机质丰富的土壤为好。若前作为水稻，则冬前进行深翻晒垡，以风化土壤；若前作为蔬菜，则在定植前一周把前茬收割完毕，整理好土地。为减轻豆荚病斑，提高豆荚商品率，早春毛豆作畦时应采用深沟高畦，一般畦宽 1.2～1.4 米，沟深 20～25 厘米。畦作成微弓形，为防止杂草生长。每亩可用 33％施田补乳油除草剂 267～330 毫升，加水 20～33 千克，喷洒畦面，并覆盖好地膜。

4. 施足基肥　早春毛豆一生需肥量较大，据试验，生产 100 千克鲜豆荚需吸收纯 N 4.33 千克、P_2O_5 0.54 千克、K_2O 201.95 千克。若是水稻田或瘠薄土，则在冬前深翻时亩施 1 000～2 000 千克猪粪或土杂肥，种植前结合整地再施复合肥 20～30 千克、磷肥 20～25 千克作基肥；若是菜园土，则土壤肥力较高，应根据前茬施肥量及吸肥情况具体决定，一般用 30～

40千克复合肥、20～25千克磷肥作基肥，于整地时施入。

5. 合理密植 毛豆生长势较旺，如种植过密，容易引起徒长，通风透光差，分枝数减少，病、瘪荚增多，影响豆荚商品性；如种植过稀，则土地利用率不高，影响产量。据试验，台75早春种植密度：如每穴3株，亩定植5 000穴，行距50厘米；如每穴2株，则定植7 000穴，行距30厘米；基本苗数14 000～15 000株。

6. 田间管理

（1）开沟排水 毛豆根系较浅，如春季雨水偏多、田间积水、植株生长减弱，易感染病害，影响产量和豆荚品质，因此在生长期可通过培土加深畦沟，做到“三沟”配套，保证田间排水畅通。

（2）施好追肥 早春毛豆营养生长较旺，如基肥量足，则前期不必施肥，以免引起徒长。进入开花结荚期，植株对肥料需求量增加，此时植株吸肥量占总需求的80%以上，应及时追肥。初花期打孔追施尿素每亩20千克，结荚期可结合防病治虫用0.2%～0.3%磷酸二氢钾进行根外追肥1～2次，以促进豆荚充实饱满。

（3）防病治虫 早春毛豆病害以褐斑病为主，前期多发生在茎秆和中下部叶片上，后期主要在豆荚上，形成细小棕褐色斑点，影响豆荚重。种植过密，田间通风透光差，病害发生重；在结荚、鼓粒期，雨日多，雨量大，有利该病发生和蔓延。因此，栽培中首先要合理密植；其次要保持田间排水畅通，降低田间湿度；第三是农药防治，在初荚期可选用50%百菌清600倍液或77%可杀得500倍液进行喷药防治，间隔7～10天防一次，连防2～3次。

苗期害虫主要有蜗牛和小地老虎。可用6%密达每亩0.25～0.5千克诱杀蜗牛；诱杀小地老虎可用炒香菜饼拌90%敌百虫或用50%辛硫磷1 000倍液灌根。随着气温升高，蚜虫、蓟马发生量逐渐上升。一旦蚜虫发生危害，易诱发毛豆病毒病，需及时喷药防治，可选用0.5%海正灭虫灵1 500倍液或1%爱福丁2 500倍液、10%一遍净3 000倍液进行喷雾。

（4）适时采收　毛豆以食用鲜豆荚为主，采收期应根据加工、收购单位的要求和市场行情而定，一般在豆荚已鼓粒充实、色泽鲜绿时采收。切忌过早或过迟，以免影响产量和荚重。采收后放在阴凉处，保持新鲜。

（二）早春毛豆小拱棚栽培

早春毛豆小拱棚栽培与地膜覆盖栽培基本相同，主要区别有以下几点：

1. 品种选择　早春毛豆小拱棚促早栽培，应选择耐寒性强、株型紧凑、生育期短的毛豆品种。目前主要栽培品种有台292、春丰早、青酥2号和青酥1号。

2. 种子精选　毛豆种子因留种时间、产地和繁育技术不同，种子质量差异明显，要选择达到种子分级标准二级以上、生产单位有良好信誉的小包装种子。播种前要对购买的种子进行拣种，选择籽粒均匀饱满、色泽好的种子。

3. 种子处理　播种前可用福美双、辛硫磷与种子按1∶1∶100的比例拌种，随拌随播。

4. 播种时间　小拱棚＋地膜覆盖栽培方式一般在2月中旬播种，品种以春丰早为宜，5月中旬可上市。毛豆忌重茬，在同一块地上种植应间隔1～2年。

5. 整地作畦　为降低棚内地下水位，整地一般采用小高畦，即畦面宽100～110厘米，沟深20～25厘米，沟宽20厘米左右。畦作成微弓形。

6. 适度密植　小拱棚栽培品种多为紧凑型，植株较矮，因此密度可适当提高，以穴播为主。小拱棚栽培一般每畦种4行，穴距30厘米左右，行距35厘米，中间2行每穴播3粒，两边2行每穴播4粒。播种时穴底要平，种粒分散开，每亩播种量约 4 千克。覆土以盖细土 2～3 厘米为宜。播种后立即在整个畦面上覆盖一层地膜或搭小拱棚，并将棚膜四周扣牢压紧，增温保湿，以促进出苗、齐苗。待毛豆出苗后，立即破地膜护苗。

7. 田间管理

（1）温湿度管理　小拱棚棚内温度超过 25℃时，要注意两头通风。一般在 3 月 20 日前后开始通风换气，要做到早开晚盖，背风掀膜；随着豆苗长高和温度升高，从畦中间由少到多掀膜开窗；到 4 月上中旬毛豆见花，每隔 2～3 个拱棚架开 1 个洞通风，阴雨天气不必通风；到 4 月 20 日谷雨，小拱棚即可收回。小拱棚毛豆盛花期控制在 4 月中旬，花期棚内日温保持在 23～29℃，夜温 17～23℃。毛豆生长后期，沟中应长期保持湿润。

（2）肥料管理　开花期是大豆迫切需要氮素营养的关键时期，因此在初花期每亩应及时追施腐熟人畜粪尿 500～700 千克或速效氮肥 20 千克，同时增施过磷酸钙 15 千克，浇灌 1 次即可。地膜栽培可追施钾肥，以减少落花落荚。在结荚鼓粒期每亩可用磷酸二氢钾 400 克、尿素 500 克、托布津 100 克，兑水 50 克，叶面喷施 2～3 次，能促进籽粒膨大，提高粒重，提早上市。

8. 注意事项　如采用小拱棚栽培，则不要用钾肥作基肥，原因是植株生长旺盛，到谷雨容易顶棚，导致植株顶部被灼伤，若揭膜，遇寒潮又易受冻，因此可在终花期至初荚期或揭膜后 3 天再施钾肥。

（三）大棚毛豆栽培

长江流域地区为在“五一”节前后有新鲜毛豆上市，可在冬季种植大棚毛豆，但该区域冬季气温低于大豆生长安全温度，需要用大棚覆盖。

1. 品种选择　选择生育期短、对日照要求不严格、耐低温的极早熟或早熟类型的品种。

2. 培育壮苗

（1）播前准备　精选粒大、饱满、色泽明亮、无机械损伤的种子，播前晒种1～2天，提高发芽率；用浓度1.5%的钼酸铵溶液1千克拌30千克种子，先用少量水将钼酸铵溶解，再加水使用，注意不能用铁器拌种。拌好的种子晾干待用，不能在阳光下照射。

（2）播种　采用大棚温床或冷床育苗的，以2月上旬至3月上旬播种为宜，播种量每亩4～5千克。苗床要高燥、精细整地并浇透水。撒播育苗的，以豆粒铺满床面而不相互重叠为度。采用营养钵育苗，每钵播3～4粒，播后覆土2～3厘米，盖地膜增温保湿。2月上中旬播种育苗的，床面需加电热线加温。

（3）苗期管理　苗期棚温保持在20～25℃，尽量使光照充足，出苗前不浇水，一般7～10天后出苗。当幼苗子叶展开、第一对真叶由绿色转成青绿色而尚未展开时，定植在大棚内。营养钵育苗的，可延迟到第二片真叶出现时定植。

（4）壮苗标准　苗龄15～20天，叶色深，子叶和基生真叶完整，胚轴粗短。

3. 扣棚盖膜　定植前10天扣棚盖膜；定植前7天，亩施腐熟堆肥1 500～2 000千克、过磷酸钙25～30千克、草木灰100千克（或钾肥15千克）作基肥。若土壤过酸，可撒施生石灰调节。毛豆忌连作，必需与非豆类作物实行轮作，轮作期2～3年。宜选择土层深厚、土质疏松、排水良好、富含钙质及有机质的土壤进行种植。前作收获后翻耕，精细整地，按宽（连沟）1.4～1.5米作畦，深沟高畦，畦面成龟背形。

4. 定植

（1）定植时间　大棚套中棚加地膜覆盖栽培，在2月下旬定植；大棚加地膜覆盖栽培，在3月定植。

（2）定植密度　每畦种4行，穴距20厘米，每穴种2株，亩定植7 000～10 000株。

（3）定植方法　选择在晴天进行，定植前畦面覆盖地膜，定植时地膜破口要小。秧苗栽植深度以子叶距地面约1.5厘米为宜，不能盖住心叶，定植后及时浇水，以利于成活。

5. 田间管理

（1）温度管理　定植缓苗前不通风，以利于保温保湿、促进缓苗。缓苗后开始通风，棚温白天保持22～25℃，夜间保持15℃以上。当棚温超过30℃时，应通风换气，以降低棚温，防止徒长。大棚套中棚栽培的，晴天中午应掀开中棚薄膜，以增加光照。

（2）补苗　定植后应及时查苗，发现缺苗或基生真叶损伤，应及时补苗。补苗用的苗最好是早熟育苗时的后备苗。补苗后要适当浇水，以保证活苗，以后再浇水数次，达到壮苗、齐苗。

（3）水分管理　幼苗一般不浇水，促进根系下扎，扩大吸收面积。毛豆开花结荚有“干花湿荚”的特性，因此开花后水分宜少，不宜浇多，若湿度大，易落花落荚。毛豆耐涝性差，多雨季节要及时排水，防止涝害。

（4）追肥　毛豆幼苗根瘤菌固氮能力弱，应追施速效氮肥，以促进根系生长，提早抽生分枝，一般亩施15%～20%腐熟人粪尿500～1 000千克。开花结荚期是毛豆需肥高峰期，为使毛豆结荚多、粒大饱满、提高产量，应重施速效肥，亩施20%腐熟人粪尿2 000～2 500千克（或碳酸氢铵20千克）、草木灰50千克。用浓度1%～2%过磷酸钙浸出液叶面喷施，可减少落花落荚，加速豆荚膨大，增加粒重，提高产量。毛豆生育中后期如出现从植株顶部向基部叶子变黄的“金镶边”缺钾症状，可在清晨露水未干时，顺风向植株撒施草木灰数次，每亩50千克。

（5）摘心打顶　盛花期和开花后期摘心打顶可防止徒长，促进早熟，一般可增产5%～10%，提早成熟3～6天。

6. 病虫害防治

（1）病害防治　毛豆病害主要有病毒病、霜霉病、锈病等，要采取综合防治，做到无病早防，有病早治。防治病毒病，苗期开始就要防治蚜虫，以杜绝传播；药剂防治可用25％甲霜灵1 000倍液或64％杀毒矾400倍液，喷雾。防治锈病可用65％代森锌400～500倍液或15％粉锈宁可湿性粉剂2 000～3 000倍液，喷雾。

（2）虫害防治　毛豆的主要害虫是蚜虫，可用20％康福多可溶剂7 000～8 000倍液或0.36％苦参碱水剂500倍液，喷雾。

7. 采收　早熟栽培毛豆以食用鲜豆粒为目的，可在豆粒已饱满、豆荚尚未绿时采收。过早采收则豆粒瘦小，产量低；过迟采收则豆粒坚硬，品质下降，不适宜鲜食。可全株一次性采收，或分2～3次采收。

五、毛豆常见病虫害及其防治

（一）主要病害

1. 霜霉病　病斑发生在植株上部叶片，初期叶斑轮廓不明显，浅黄色，后病斑变成褐色，在叶背密生浅紫色霉层。严重时叶片干枯脱落，豆荚染病少见。病菌以卵孢子在病残体或种子上越冬，播种后，病菌侵入随生长点向上蔓延，产生大量孢子，借风雨传播蔓延，气温20～24℃，雨水多，发病重。一般早播种（3月初以前播种）比迟播种发病重，天气凉爽，湿度越高，发病越重。防治方法：选用抗病品种，如台湾毛豆75、毛豆2808、茶豆等；增施有机肥，合理密植，增加植株抗病力；发病初期及时用18％百·霜悬浮剂800～1 000倍液或80％代森锰锌可湿性粉剂800倍液、72.2％霜霉威水剂600～800倍液进行防治，连用3次，每次间隔7天。

2. 白粉病　主要发生在结荚中后期，一般发生在植株中下部叶片。初期在叶片上产生近圆形粉状白霉，后融合成粉状斑，严重时布满全叶，植株生长不良、抗病力弱时容易发病。干湿交替更利于该病扩展。防治方法：选用抗病品种，如毛豆2808等；

对长势较弱的植株，可喷施氨基酸叶面肥（肥仙）500 倍液，增强植株抗病力；发病初期喷施 10%世高水分散粒剂 2 000 倍液或 80%代森锰锌可湿性粉剂 800 倍液。

3. 锈病 发病时先在叶背散生近白色小凸起，后发展为棕褐色隆起的小疱斑，在生有疱斑的叶正面产生褪绿斑，严重时病斑相连，叶片枯黄脱落。主要危害叶片、叶柄和茎。叶柄和茎染病产生的症状与叶片相似。该病主要靠夏孢子进行传播蔓延（冬孢子的作用尚不清楚）。降雨量大、降雨日数多、持续时间长，发病重。在南方，秋大豆播种早时发病重。品种间抗病性有差异，鼓粒期受害重。防治方法：农业措施可选用抗病品种，如绪云豆、包罗豆、中黄 2 号、中黄 3 号、中黄 4 号、九丰 3 号、长农 7 号；注意开沟排水，采用高畦或垄作，防止湿气滞留；采用配方施肥技术，提高植株抗病力。药剂防治：发病初期喷洒 40%百菌清悬浮剂 500 倍液或 50 %甲基硫菌灵·硫黄悬浮剂 800 倍液、10%抑多威乳油 3 000 倍液等药剂，每 10 天左右一次，连续防治 2～3 次。采收前 7 天停止用药。

4. 炭疽病 主要危害豆荚，后期危害豆粒。豆荚感病后在表皮形成褐色小斑块，后期变黑，在湿度高时，病斑出现呈轮纹状排列的小黑点，外观差，商品价值低，经济损失大。病菌以菌丝潜伏在种子表皮下，致种子带菌或以菌丝体随病残体越冬，播种带病种子成为翌年初染源。晚季发病一般重于早季。如遇温凉、多雨、多雾、高湿的气候则发病重，病蔓延速度极快。发病中心出现后 2～3 天即迅速扩展，应注意做好监测工作，根据天气变化及时施药保护。密植过度、豆行间通风透气差、土壤黏重且潮湿的田发病重。品种间感病程度有差异，毛豆 75 品种较感病。防治方法：选择抗病品种，如毛豆 2808 等；药剂选用 25%使百克乳油 800～1 000 倍液或 70%甲基托布津可湿性粉剂600～800 倍液、30%爱苗乳油 3 000 倍液进行防治。

5. 毛豆疫病 为毛豆的主要病害，整个生育期均可发生。

苗期症状表现幼苗猝倒和茎腐，病株茎基部缢缩，病斑部位皮层开裂、叶片变黄、顶端叶萎蔫、植株矮化、直立枯死，纵剖病茎维管束变褐。分枝期症状表现为茎基部出现黑褐色病斑，病斑凹陷，皮层坏死，维管束变褐，结荚期后病斑常发生在叶柄基部，黑节，叶片向下垂，呈八字型，叶片不脱落，植株叶片逐渐变黄，矮化。植株在结荚前一旦染病，则无一存活；结荚期后被侵染，植株还可收回种子，但种子带菌，并成为翌年田间初侵染源。疫病对毛豆产量影响严重，轻病田损失5%～10%，重病田损失可达25%～50%。

毛豆疫病的发生与降雨量、土壤类型、耕作密切相关，其中以土壤因素最为重要，是典型的土传病害。病菌的卵孢子在土壤中可周年存活，生长适温24～28℃。35℃高温下，病菌生长受到抑制，所以田间病害发生以5～6月和9～10月较盛。豆田常年连作发病重，生长期间遇多雨天气，尤其是时雨时晴或连续多日降雨后暴晴，或遇台风大雨气候，病害易流行，排灌不畅、长期积水的田病害重，土壤不耕作或少耕作、重黏土、土壤板结、过度密植、豆田通气差、偏施氮肥的田，病害加重。防治方法：毛豆疫病属于检疫对象，对进口大豆需进行严格检疫；对国内病区也要防止扩大蔓延；选用耐高湿的品种，如楚秀、中黄2号、中黄3号、九丰3号、长农7号。药剂防治：发病初期喷洒72%霜霉疫净可湿性粉剂600倍液或70%乙磷·锰锌可湿性粉剂500倍液、72%杜邦克露可湿性粉剂1 000倍液、70%锰锌·乙铝可湿性粉剂500倍液等，交替使用，以免产生抗药性。采收前3天停止施药。

6. 镰刀菌根腐病　近年来发生有逐渐加重的趋势。幼苗和分枝期均可染病，开花期至鼓粒期处于感病阶段。发病初期茎基部出现淡红褐色不规则小斑，后变红褐色凹陷坏死，受害株根系不发达，根少，根黑；植株中部以上叶片淡绿，后变黄、干枯，病重植株叶片从叶柄处脱落，植株无叶，成“光杆”状；危害损失大，病株豆荚产量减少 29%，发病严重的产量损失 30% 以上。根腐病病菌属土栖菌，以休眠菌丝存活于土壤中，成为翌年的初侵染源，因此常年连作的豆田发病较重。发病轻重还与播期、气候等因素密切相关。早播种的豆田发病重；黏土、排水不良、耕作粗放、长势差的田发病重；生长期间尤其是开花至结荚期若遇连日多雨后晴热天气，病害容易发生流行。

7. 毛豆病毒病 病原为黄瓜花叶病毒（CMV）、苜蓿花叶病毒（ALMV）、豇豆萎黄斑驳病毒（CCMV），症状有多种表现型，如花叶斑驳型、卷叶萎缩型、明脉皱缩型等。主要靠蚜虫传毒，高温干旱、排水不良、氮肥过量、土壤黏重等条件均利于发病。防治方法：选用抗病品种和无病毒种子。播种前进行种子消毒，可用 0.3%磷酸三钠溶液浸种 15 分钟，种子捞出后用清水冲洗干净。与其他作物实行 2 年以上轮作，减少越冬、越夏病原。合理密植，加强肥水管理，促进植株健壮生长，提高抗病能力。发现病株立即拔除，集中烧毁或深埋。及时消灭蚜虫，防止蚜虫传毒。清除田间和地边杂草，减少病毒扩展。

8. 猝倒病 大豆猝倒病主要侵染幼苗基部，近地表的幼茎发病初现水渍状条斑，后病部变软缢缩，呈黑褐色，病苗很快倒折、枯死。根部染病时，初期呈现不规则形褐色斑，严重时引起根腐，地上部分茎叶萎蔫或黄化。病苗上可产生孢子囊和游动孢子，借雨水、灌溉水传播。土温较低（低于 15～16℃）时发病迅速。土壤含水量较高时极易诱发此病。光照不足、幼苗长势弱、抗病力下降，也易发病。幼苗子叶中养分快耗尽而新根尚未扎实之前，幼苗营养供应紧张，抗病力最弱，如果此时遇到低温高湿环境会突发此病。防治方法：药剂处理可用多菌灵、代森锰锌、炭枯净拌种或喷苗。农业防治：①选用抗病品种；②实施轮作，下湿地采用垄作或高畦深沟种植，合理密植，防止地表湿度过大，雨后及时排水；③选用排水良好高燥地块种植大豆；④苗期做好保温工作，防止低温和冷风侵袭，浇水要根据土壤湿度和气温确定，严防湿度过高。

9. 立枯病　幼苗和幼株主根及近地面茎基部出现红褐色稍凹陷的病斑，皮层开裂呈溃疡状，严重受害幼苗茎基部变褐、缢缩、折倒而枯死，或植株变黄、生长缓慢、植株矮小。病菌以菌丝体或菌核在土中越冬，且可在土中腐生2～3年。菌丝能直接侵入寄主，通过水流和田间农事操作传播。病菌发育适温24℃，最高40～42℃，最低13～15℃，适宜pH3.0～9.5。播种过密、间苗不及时、温度过高，易诱发本病。防治方法同猝倒病。

（二）生理性病害

1. 缺锰　首先表现叶肉失绿，叶脉仍为绿色，叶脉呈绿色网状，叶脉间失绿小片圆形，叶脉间叶片突起，使叶片边缘起皱。缺锰严重时，失绿小片扩大相连，并出现褐色斑点，呈烧灼状，并停止生长。缺锰的原因是由于锰在作物体内不易移动，因此症状常从新叶开始。防治方法：作为应急处理方法，可叶面喷洒锰肥。症状出现时，每隔7天喷洒0.2%硫酸锰或氯化锰溶液、0.3%生石灰，叶面喷施，2～3次即可治愈。经常出现缺锰症的碱性土壤，可施硫酸锰，每1 000米^{2}施20～30千克，土壤为中性时施10～20千克；土壤pH5～6时，如仍出现缺锰症状，可施10千克。多施有机肥可提高土壤的缓冲力，不易发生缺锰现象。

2. 缺钾　毛豆缺钾通常是老叶和叶缘先发黄，进而变褐、焦枯似灼烧状。叶片上出现褐色斑点或斑块，但叶中部、叶脉处仍保持绿色。随着缺钾程度加剧，整个叶片变为红棕色或干枯状，坏死脱落。防治方法：应急的处理方法是叶面喷洒0.3%磷酸二氢钾，也可土壤追施磷酸二氢钾，每1 000米^{2}施10千克。蔬菜类对钾的吸收量较其他作物多，但一次施用多量钾肥时，将会引起镁缺乏，因此少量分次施用较为安全。作为根本对策，应有计划地施用钾肥，根据毛豆对钾吸收的状况及土壤中钾的吸收强弱分施钾肥。注意提高地力，平时注意施用追肥，以增加地力，使钾蓄积，作物需要时，随时可吸收。再者，土壤中有硝酸态氮存在时，钾的吸收较易，如为铵态氮时，则钾的吸收被抑制，容易引起缺乏症。因此，土壤施用腐殖质时，形成团粒构造，排水良好，硝酸化菌的繁殖变佳，铵态氮将变硝酸态氮，氮、钾协调，有利于作物的吸收。

（三）主要虫害

1. 蚜虫 蚜虫危害时吸食毛豆嫩枝叶的汁液，造成大豆茎叶卷缩，根系发育不良，分枝结荚减少，还可传播病毒病。成蚜或若蚜集中在豆株的顶叶、嫩叶、嫩茎、嫩荚上刺吸汁液。豆叶被害处叶绿素消失，形成鲜黄色不规则的黄斑，后黄斑逐渐扩大，并变为褐色。受害严重的植株，叶卷缩、根系发育不良、发黄、植株矮小，分枝及结荚减少。防治方法：及时铲除田边、沟边、塘边杂草，减少虫源；利用银灰色膜避蚜和黄板诱杀；利用瓢虫、草蛉、食蚜蝇、小花蝽、烟蚜茧蜂、菜蚜茧蜂、蚜小蜂、蚜霉菌等控制蚜虫；蚜虫发生量大，农业防治和天敌不能控制时，苗期或蚜虫盛发前防治，当有蚜株率达 10 %或平均每株有虫 3～5 头，即应防治。可用抗蚜威适量喷施。

2. 豆荚螟 幼虫危害豆叶、花器及豆荚。常卷叶危害或蛀入荚内取食幼嫩的种粒，在荚内及蛀孔外堆积粪便，受害豆荚品质极低甚至不能食用。防治方法：在田间架设黑光灯诱杀成虫，及时清除田间落花、落荚，摘除被害的卷叶和豆荚，减少田间虫源；开花初期或现蕾期开始喷药防治，每 10 天喷蕾喷花一次。可选用斗夜、搏斗、聚焦、挥戈、正歼、甲维氟铃脲、甲维毒死蜱、大钻、正钻、酷龙、氟敌、阿维菌素等药剂。不同农药要交替轮换使用，严格掌握农药安全间隔期。喷药时一定要均匀喷到植株的花蕾、花荚、叶背、叶面和茎秆上，喷药量以湿至滴液为度。

3. 豆天蛾 以幼虫暴食大豆叶，严重时可将植株吃成光杆，使之不能结荚。豆天蛾发生世代因地区而异，以豆田及豆田周围土堆边、田埂等向阳处越冬，初龄蚜虫白天在叶背潜伏，4～5龄后多在茎枝上危害，夜间食害暴烈，阴天整日危害。防治方法：播种前进行深翻晒土，杀死幼虫、蛹；幼苗期利用黑光灯诱杀成虫；喷施除虫菊、苦参碱等植物源农药。

4. 大豆食心虫　大豆食心虫是北方大豆产区重要病害。幼虫蛀入豆荚，咬食豆粒，使豆粒残缺不全，且荚内堆积虫粪，引起豆粒腐烂变质，对产量和质量影响大，食性单一，只危害大豆。老熟幼虫在土内做茧越冬，7～8月化蛹、羽化成成虫，产卵。孵化成幼虫后蛀入豆粒危害，危害期达20多天，后以老熟幼虫脱荚入土，做茧越冬。20～25℃温度和相对湿度90%以上的条件适宜成虫产卵。防治方法：合理轮作，早播早熟品种，使成虫产卵时豆荚已老，不适宜产卵，可减轻危害；用2%杀螟松粉对成虫和初蛀入荚的幼虫有效，每公顷用药30～37.5千克。

5. 烟粉虱　虫体小，食性杂，危害面广，繁殖力强。突发危害，来势凶猛，蔬菜、花卉等多种作物广受其害，以豆类和十字花科蔬菜受害最重。单叶虫量（各种虫态）少的30～50头，多者500～600头，成、若虫以刺吸式口器吮吸植物汁液，造成叶片褪绿、变黄、萎蔫，甚至死亡，豆荚受害后表皮褪绿呈白色，失去商品价值，减产30%～50%，严重田块几乎绝收。成、若虫还能分泌蜜露诱发煤烟病，虫口密度大的豆田，叶片被其排泄物污染成煤烟状。烟粉虱在热带和亚热带地区一年可发生11～15代，世代重叠；适宜发生温度26～28℃，此温下卵期约5天，若虫期约15天，每头雌虫平均产卵量200粒以上，成虫期寿命可达1～2个月，完成一个世代仅需19～27天。6～9月田间虫量骤增，高温干旱易暴发成灾，田间作物收获后周围如无寄主，则迁移至岸边杂草危害。防治方法：作物收获后及时清除残留植株和田间杂草，集中烧毁，减少虫源；用10号机油涂刷黄色板诱杀成虫；药剂防治可采用 2.5%扑虱净可湿性粉剂、5%吡虫啉乳油、25%阿克泰颗粒剂等。

6. 斜纹夜蛾 以幼虫危害叶片和豆荚，低龄幼虫取食叶肉，仅留表皮，高龄幼虫则扩散危害，将叶片吃成缺刻或仅留叶脉。毛豆出苗至收获均可见其发生危害，5～10 月是危害时期，7～8 月高温干旱危害最厉害，但此时毛豆已收获，转移至莲藕、花生、甘薯等作物上危害。成虫具趋光和趋化性（喜食糖醋酒液），昼伏夜出。幼虫多在傍晚取食危害，初孵幼虫群集叶背取食，3 龄前仅食叶肉，残留上表皮及叶脉，叶片呈网状，3 龄后分散危害，4 龄进入暴食期，防治不及时，往往造成大面积暴发，成虫入土化蛹。防治方法：对低龄幼虫可采用人工捕捉；由于该虫在夜间活动危害，药剂防治应在 16 时以后进行。在生长前期可用阿·吡乳油 750 倍液加 0.5%仙草乳油 625 倍液，或 0.5%仙草乳油 625 倍液加 20%灭多威乳油 1 000 倍液进行防治；生长后期若虫口较多，可用 0.5%仙草乳油 1 000 倍液与 20%米满悬浮剂 1 500 倍液混合进行防治。若虫量较少，可用 0.5%仙草单剂进行防治。

7. 甜菜夜蛾 低龄幼虫吐丝将叶子卷起包住虫体，并在其内取食叶肉，高龄幼虫将叶片取食成缺刻状。防治方法：每 15 千克水加入 24%美螨悬浮剂 40 毫升和 5%氟铃脲乳油 8 毫升，防治效果很好。

8. 叶螨 以成螨和若螨在叶背吸食汁液。被害处出现褪绿色斑点，后变成白色或黄白色，最后转为红色。严重时叶片干枯发红似火烧状。被害株结荚期缩短，产量降低。偏施氮肥，叶螨繁殖快，发生较重。防治方法：增施磷钾肥，使植株生长健壮，提高抗虫力；加强监测，在危害初期及时施用 10%阿维·哒螨乳油 1 000 倍液或 13%速霸螨水乳剂 1 500 倍液进行防治。

9. 小地老虎 以幼虫从地面上咬断幼苗，在主茎硬化后刚爬到上部危害生长点，常造成缺垄断苗。防治方法：播种前进行深翻，每亩均匀撒施碳铵30～50千克，淹水3～5天；也可在出苗前，每亩均匀撒施3%米乐尔颗粒剂1～1.5千克，或地面喷施50%辛硫磷乳油800倍液防治。

10. 豆秆黑潜蝇　成虫体色黑亮，体长仅2.5毫米，以腹末端刺破豆叶表皮吸食汁液，使叶面呈白色斑点小伤孔。幼虫体乳白色，长3.3毫米，钻蛀毛豆茎秆造成中空，使植株因水分和养分供应受阻而逐渐枯死，受害株矮化；危害叶片，以初孵幼虫钻入叶内取食，形成一条极小而弯曲稍透明的遂道，沿主脉再至小叶柄、叶柄和分枝直至主茎，蛀食髓部和木质部；幼虫老熟后，在茎壁上咬一羽化孔，在孔口附近化蛹，以植株中下部叶片最多，毛豆从苗期至成熟期均可受害，危害严重的田，叶被害率达60%～80%，豆叶呈铁锈色，长势差，产量降低。

参考文献

曹淑玲，张敏强，魏鸿辉．2004. 加工出口型毛豆的栽培技术．上海蔬菜（4）：16.

陈新，胡杰，顾和平，等．2008. 适合江苏省栽培的菜用大豆品种及其主要特性．长江蔬菜，11：6-8.

盖钧镒，王明军，陈长之．2002. 中国毛豆生产的历史渊源与发展．大豆科学，21（1）：7-12.

韩天富，盖钧镒．2002. 世界菜用大豆生产、贸易和研究的进展．大豆科学，21（4）：278-284.

韩天富，吴存祥，杨华，等．2000. 夏大豆品种中黄4号春播花而不实的原因分析．大豆通报，5：14.

李季春．2009. 优质菜用大豆高产高效栽培技术．现代农业科技，12：28-29.

彭友林．2009. 豆类蔬菜无公害栽培技术．长沙：湖南科学技术出版社．

田艺心，高会，汪自强．2008. 菜用大豆生产及产业化前景．世界农业，10：57-58.

邢邯．2008. 菜用大豆．南京：江苏科学技术出版社．
Lin C C. 2001. Frozen edamame：Klobal market conditions. Ibid，93 - 96.
Shurtleff W，T A Lumpkin. 2001. Chronology of green vegetable soybean and vegetable - type soybeans. Ibid，97 - 103.

第二章

长豇豆设施栽培

一、长豇豆生产发展概况

豇豆按其荚果的长短分为三类，即长豇豆、普通豇豆和饭豇豆。长豇豆是夏秋季节主要蔬菜之一。主要产地有河南、山西、陕西、山东、广西、河北、江苏、湖北、安徽、江西、贵州、云南、四川及台湾等。长豇豆不但种植区域广，而且种植面积大，尤其作为夏秋季节堵伏缺的品种，对保障蔬菜均衡供应有积极作用。近年来，豇豆病虫害日益严重，因此，设施栽培、无公害栽培以及绿色栽培，是提高豇豆种植者效益和产品质量的有效保障。

由于优良新品种的不断推广，以及育苗移栽、地膜覆盖、温室大棚等技术的广泛应用，长豇豆品质和产量有了较大提高。近年来，脱水、速冻、腌渍长豇豆等加工业的发展和出口有了长足发展，为适应国内外需要，我国长豇豆的生产规模持续增长。近年来，我国长豇豆种植面积维持在 40 万公顷以上。河北、河南、江苏、浙江、安徽、四川、重庆、湖北、湖南、广西等地每年栽培面积超过 2 万公顷，并形成了浙江丽水、江西丰城、湖北双柳等面积超过 1 000 公顷的大型专业化长豇豆生产基地。如丽水市莲都区长豇豆生产基地，年种植面积达 4 666.7 公顷。每公顷产量以北京、天津、河北、山西、内蒙古等华北地区最高，正常年份在 30 吨以上；其次为东北地区，接近 30 吨；上海、江苏、浙江、安徽、福建、江西、山东、河南等地也在 20 吨以上。

二、长豇豆生物学特性

（一）形态特征

长豇豆属豆科一年生植物，蔓生，三出复叶。自叶腋抽生20～25厘米长的花梗，先端着生2～4对花，淡紫色或黄色，一般只结2荚，荚果细长，因品种而异，长30～70厘米，色泽深绿、淡绿、红紫或赤斑等。每荚含种子16～22粒，肾脏形，有红、黑、红褐、红白和黑白双色籽等，根系发达，根上生有粉红色根瘤。

（二）生长习性

长豇豆耐热性强，生长适温20～25℃，在夏季35℃以上高温仍能正常结荚，不落花，但不耐霜冻，在10℃以下较长时间低温，生长受抑制。长豇豆属于中光性日照作物，对日照要求不严格，南方春、夏、秋季均可栽培。对土壤适应性广，只要排水良好、土质疏松的田块均可栽植。豆荚柔嫩，结荚期要求肥水充足。

三、长豇豆主要品种类型与分布

（一）适宜春夏季节栽培的品种

1. 早豇1号 极早熟品种。江苏省农业科学院蔬菜研究所1998年利用T28-2-1为母本、六月豇为父本进行杂交育成，2002年通过江苏省农作物品种审定委员会审定。生育期65～80天，无限结荚习性，植株蔓生，株高3.5米，幼茎绿色，叶片长椭圆形，花色淡蓝紫色。成熟荚淡白色，圆棍形。种子肾形，红褐色，脐色白，百粒干重14.2克。嫩荚淡绿色，荚面平滑匀称，荚长60～65厘米，纤维少，荚肉鲜嫩，味浓稍甜，肉质致密，不易老，耐储运。平均每花序结荚2～3个，主侧蔓均可结荚，结荚集中。区域试验多点平均产量25 722.9千克/公顷，比对照之豇28-2增产16.13%。生产试验多点平均产量19 814.7千克/

公顷，比对照之豇 28－2 增产 8.8%。在生产上一般产量30 000千克/公顷，早期产量占总产量 48%左右。适合用于鲜荚生产。

2. 苏豇 1 号　早熟品种。江苏省农业科学院蔬菜研究所 2005 年采用早豇 2 号为母本、黑豇 3 号为父本杂交育成。生育期 65～95 天，无限结荚习性，植株蔓生，株高 3.2 米，幼茎绿色，叶片长椭圆形，花色淡紫色。成熟荚淡白色，圆棍形。种子肾形，黑色，脐色白，百粒干重 12.1 克。嫩荚绿白色，荚面平滑匀称，肉质密，耐老，耐贮运。主侧蔓均可结荚，开花期和采收期均比之豇 28－2 早，产量比之豇 28－2 高，一般产量 40 000 千克/公顷左右。

3. 苏豇 2 号　极早熟品种。江苏省农业科学院蔬菜研究所 2004 年利用之豇变异株系，经系统选育而成的早熟、优质、丰产、抗病新品种。植株蔓生，株型紧凑，以主蔓结荚为主，株高 3.3 米，幼茎绿色，叶片长椭圆形，花色淡紫色。成熟荚淡白色，圆棍形。种子肾形，红褐色，脐色白，百粒干重 13.1 克。生育期 65～80 天。产量 25 800 千克/公顷，前期产量较豇 28－2 增产 28.2%，总产量增产 25.6%。

4. 扬豇 40　极早熟品种。江苏省扬州市蔬菜研究所利用之豇 28 变异株系选育而成，1999 年和 2000 年分别通过陕西省和江苏省品种审定委员会审定。生育期 65～85 天，无限结荚习性，植株蔓生，株高 3.2 米，幼茎绿色，叶片长椭圆形，花色淡紫色。成熟荚淡白色，圆棍形。种子肾形，红褐色，脐色白，百粒干重 13.6 克。嫩荚绿白色，肉质厚而紧实，无“鼠尾”。植株耐热，抗逆性强。经陕西省农产品质量监督检验站测定：鲜荚干物质总量 9.70%，总糖 3.54%，粗纤维 1.29%。适宜春、夏两季栽培。长江中下游地区，春季栽培产量 22 500 千克/公顷左右，夏季栽培产量 19 500 千克/公顷左右。

5. 之青 3 号　中熟品种。浙江省农业科学院园艺所选育而成。植株蔓生，分枝少，长势旺，叶片色绿，稍大，栽培不宜过密，生育期 80～100 天，丰产性与之豇 28-2 相似。荚长 70 厘米，色绿，烫漂后翠绿色鲜，品质优，营养价值高，质糯，口感好，速冻加工与鲜荚炒食兼优。抗病毒病。适宜春、夏栽培。穴行距 0.28（3 株）米×0.75 米。

6. 之豇特早 30 早熟品种。浙江省农业科学院园艺研究所育成。植株蔓生，长势偏弱，叶片小，分枝少，以主蔓结荚为主。初花节位低，平均第 3 节。春播至始收 50 天，比之豇 28-2 早 2～3 天，早期产量增加 152.6%。荚色嫩绿，荚条匀称，约长 60 厘米，商品性好。种子红色，百粒重约 12 克。每公顷产嫩荚 18 000～22 500 千克。苗期抗病毒病，较抗疫病。最适早熟栽培和保护地栽培。夏秋播则因生长快，长势弱，易早衰，不易发挥该品种早熟高效优势。穴行距为 0.25（3 株）米×0.75 米。

7. 白沙 7 号 早熟品种。广东省汕头市白沙蔬菜原种研究所育成。1998 年 2 月通过广东省农作物品种审定委员会审定。植株蔓生，分枝早而适中，叶厚，色深绿，以主蔓结荚为主，3～4 节着生第一花序，以后各节均有花序，成荚率高，每花序结荚 2～4 荚，单株结荚数约 20 荚，单荚含种子 13～19 粒。荚长 60～70 厘米，宽 1 厘米，厚 0.9 厘米，单荚重 35～40 克，荚翠绿，肉厚质脆，味甜。早熟，耐寒，春季从播种至采收 55 天；夏播至采收 35 天，持续采收 25～35 天。每公顷产嫩荚 27 000 千克。较抗花叶病毒病，适应性广，全国各地均可种植，也适宜棚室反季节栽培。

8. 青豇 80 早熟品种。1992 年从河南省洛阳市辣椒研究所引入北京地区种植。植株蔓生，蔓长 2 米以上，侧枝少，生长势强。第一花序着生在主茎第 6～8 节，坐荚率高，嫩荚绿色，荚长 70 厘米左右，粗 0.5 厘米左右，肉紧实，耐贮藏，不易空软。种粒红褐色，粒较小。抗病性强，耐涝，早熟。每公顷产嫩荚 21 000 千克左右。

9. 激 63-2 豇豆 早熟品种。我国育种专家用激光诱变选育的品种，江苏省涟水县石湖良种研究会推广。植株蔓生，生长势强。始花节位主茎为第三、四节，每个花序结荚3～6条。嫩荚长70～80厘米，长的可达100厘米以上，肉厚质细，籽少，品味鲜美，耐贮运，迟收几天也不易老。单荚重63～83克。对光照不敏感，适应性极广，10～41℃气温范围内均可正常生长。早熟，从播种到始收嫩荚，春播55天，夏播约45天。每公顷产嫩荚45 000千克。

10. 龙豇24　早熟品种，红色豇豆。河南省大生科技发展公司育成。植株蔓生，高180～310厘米，两个分枝，生长势强，叶片深绿色，4节以上节位均着生花序，每序结荚3～5个，豆荚长80厘米左右，深红色，表面光亮鲜艳，肉质细嫩，无粗纤维。早熟，春播至采收50～60天，适于华北地区种植。每公顷产嫩荚45 000千克。作120厘米宽畦，播2行，穴距24厘米，每穴2～3粒，留苗1株。

11. 湘豇3号　晚熟品种。湖南省长沙市蔬菜研究所选育，1992年2月通过长沙市农作物品种审定委员会审定。植株蔓生，2～4个分枝，主蔓长3米，节间长20厘米，叶片深绿色，第一花序着生于第2～4节。花淡紫色，豆荚绿白色，荚长58厘米，单荚重20克。种子肾形，红褐色，千粒重125克。晚熟，春播至始收65～75天，全生育期100～120天；夏秋栽培全生育期90～110天，播种至始收60～65天。豆荚整齐一致，长度适中，肉质细嫩，商品性好，每公顷产嫩荚42 000千克。抗锈病和煤霉病，适合全国各地春、夏栽培。

（二）适宜春秋季节栽培的品种

1. 早豇4号　早熟品种。江苏省农业科学院蔬菜研究所育成的早熟、短荚新品种，2009年通过江苏省鉴定，适合春季大棚、秋天露地或大棚栽培。播种至采收嫩荚约50天，采收期25～30天，全生育期80天左右，株高3.3米，荚长65～70厘米，厚1.1厘米，结荚节位3～4节，结荚率高，单荚重23克。

叶浅绿色，花紫红色，豆荚扁圆形，品质优。耐热性强，产量高，一般亩产 3 000 千克左右。（见彩图）

2. 燕带豇 早熟品种。上海宝山彭浦乡农业科技站从一点红豇豆和 24 粒豇豆的杂交后代中选育而成，长江流域春秋两季普遍栽培。植株蔓生，长势强，茎叶粗大。主蔓结荚，3～5 节着生第一花序，花浅紫色，嫩荚绿白色，顶端青绿色，荚长60～65 厘米，肉较厚，表皮薄而微皱，纤维少，脆嫩质优。每荚有种子 20 粒左右，肾形，枣红色。较抗病毒病、煤霉病、锈病。中早熟，长江流域春季保护地栽培于 3 月中旬育苗，6 月上旬始收。露地栽培于 4 月下旬至 5 月上旬播种，6 月下旬至 7 月上旬采收，秋季 7 月至 8 月初播种，9 月至 10 月中旬采收。一般亩产量 2 000 千克左右。

3. 鄂豇豆 6 号 早熟品种。优质，早熟，耐病，丰产稳产。蔓生型。主茎粗壮，绿色，节间较短，生长势强，分枝少。叶片较小，叶色深绿。始花节位 3～4 节，一般除第 5 或第 6 节外，各节均有花序。花紫色，每花序多生对荚。持续结荚能力强，单株结荚 14 个左右。鲜荚浅绿色，平均荚长 57.6 厘米，荚粗 0.8 厘米，平均单荚重 18.88 克。荚条直，肉厚，营养丰富，口感佳。种子短肾形，种皮红棕色，平均每荚种子 19 粒，千粒重 140 克。春播全生育期 88 天，从播种到始收嫩荚 48 天左右，延续采收 40 天；秋播全生育期 68 天，从播种到始收嫩荚 38 天左右，延续采收 30 天。对光周期反应不敏感，田间枯萎病、锈病发病率低。经湖北武汉等地多点多季试种，比主栽品种早熟 6 天，早期产量 11.5 吨/公顷，总产量 27 吨/公顷。经农业部食品质量监督检验测试中心（武汉）测定，鲜豆荚维生素 C 含量 160.4 毫克/千克，粗蛋白含量 3.12%，总糖含量 2.48%，粗纤维含量 0.98%。

4. 龙豇 23 早熟品种。河南省淮滨县蔬菜研究所从当地一份突变的材料中系统选育而成，1993 年通过县科委鉴定。株高

2.8～3.1米，分枝中等，叶色深绿，以主蔓结荚为主，1～5节以上节位均着生花序，每序结荚2～4条，粗细均匀，肉质嫩，纤维少。嫩荚青白色，长90～110厘米，粗0.9～1.3厘米。种子紫红色，千粒重180克。生长期对日照不严格，对花叶病毒病和锈病有较强抗性。适应性广，山区、平原、高原均可种植。早熟性与之豇28-2相近，但采收期较它延长10～15天。每公顷产嫩荚36 000～42 000千克。

（三）适宜夏秋季节栽培的品种

1. 之豇106　早熟品种。浙江省农业科学院蔬菜所培育的长豇豆新品种。蔓生，较早熟，分枝少，叶色深，叶片较小，不易早衰，约第3节着生第一花穗；抗病毒病、锈病、白粉病能力强；商品性佳，嫩荚油绿色，适合当今消费需求，荚长约65厘米；肉质致密，采收弹性大；耐热性强，耐贮性好，室温（约25℃）贮藏期比之豇28-2延长12小时；前期产量与之豇28-2相当，总产量提高10%以上。一般亩产2 200千克以上。

2. 之豇108　极早熟品种。浙江省农业科学院蔬菜所培育的长豇豆新品种。蔓生，中熟，生长势较强，不易早衰，分枝较多，根系强大，抗逆性强，对病毒病、根腐病和锈病综合抗性好。单株分枝约1.5个，叶色深，三出复叶较大。约第5节着生第一花穗，单株结荚数8～10条，每花穗可结2～3条，单荚种子数15～18粒；商品性佳，嫩荚油绿色，荚长约60厘米，平均单荚重26.5克，横切面近圆形；肉质致密，耐贮性好；胭脂红色，肾形，种子百粒重约15克；适宜于夏秋季露地栽培，全生育期65～80天。

3. 之豇特早30　极早熟品种。浙江省农业科学院育成的特早熟豇豆新品种。叶片小，分枝少，主蔓结荚为主，抗病毒病，最适宜春播和大棚设施栽培；初花节位低，一般在第3节左右结荚，结荚性好；同期播种初花和初收期比之豇28-2提前2～5天，早期产量增加1倍左右，经济效益特别显著，总产量略高于之豇 28-2；荚色嫩绿，长 50～60 厘米，商品性好；全国各地均可种植（除高寒地区），建议采用地膜覆盖栽培，穴行距 0.25 米×0.75 米，每穴 3 株，要求施足基肥，早施促苗肥，重施盛花肥。一般亩产 2 000 千克以上。

4. 绿豇 1 号 中熟品种。宁波市农业科学研究院培育。植株蔓生，主蔓结荚为主，分枝较少，全生育期 80～100 天；第 1 花穗着生节位平均为 4.3 节，每穗花结荚 2～4 条，每株结荚 13～16 条；嫩荚绿色，长圆棍形，上下粗细均匀，色泽一致，平均荚长约 58 厘米，荚横径 0.72 厘米左右，单荚鲜重 18.6 克左右；嫩荚商品性佳，炒后色泽翠绿，质地脆嫩，风味好；适应性较广，对光周期不敏感，抗逆性较强，产量比宁波绿带约高 9.6%，对锈病、白粉病、煤霉病耐病性较强。一般亩产 2 000 千克左右。

5. 镇豇 1 号 早熟品种。江苏省镇江市蔬菜研究所利用之豇 28-2 变异株系，经多年选育而成的早熟、高抗、优质、丰产豇豆新品系，经生产示范现已推广至江苏、安徽、山东、陕西等地。植株蔓性，叶较小，主侧蔓均能结荚，有侧蔓 1～3 个，主蔓长 3 米左右，节间长约 14 厘米，第 6～12 节花序有节成性。早熟，主蔓第 3 或 4 节着生第一花序。4～5 月播种至开花需 40～45 天，6～7 月播种至开花需 25～30 天。前期产量较高，较之豇 28-2 增产 18.5%，总产量比之豇 28-2 增产 25%。荚嫩绿色，长 70～80 厘米，横径 1 厘米，不易老化，荚尾饱满，商品性极佳。对豇豆枯萎病有较强的抗性，发病轻。较之豇 28-2 耐高温，不易早衰。采摘后期加强管理，追施人粪肥可延长采收期。可春、夏播，并可应用于早春保护地栽培。

6. 贵农 79031 豇豆 中晚熟品种。贵州大学农学系选育的新品种。植株蔓生，生长势强。幼苗第一复叶节位以上的嫩茎叶呈红色。主侧蔓均可结荚。主蔓第五至第七节着生第一花序，全株共着生 6～8 花序，单株结荚 13～17 个。嫩荚和老荚均为红色，荚顶端绿色，长70～80厘米，横径0.8～1.1厘米，单荚重25～30克。荚肉较厚，粗纤维少，煮食，汤红黑色。种子肾形，种皮褐红色。较耐热，耐旱。中晚熟。亩产2 600千克以上。适于贵州、云南、四川等地种植。主蔓长至2.3米时摘心。所有侧蔓仅留下第一节和复叶，其余全部摘除，以促进和利用侧蔓第一节形成花序结荚。

7. 秋紫豇6号　早熟品种。浙江省农业科学院园艺研究所育成。生长势中等，偏强，主侧蔓均可结荚，生育期70～90天，叶片比秋豇512窄小，叶色略深，对光照反应敏感，秋栽较优。初荚节位低，平均2～3节，早熟，节成性好，丰产。荚长35厘米，荚色玫瑰红，爆炒后荚色变绿，俗称“锅里变”。嫩荚粗壮，品质优，不易老化，商品性好，红白花籽，抗病毒病、煤霉病。穴行距0.28（3株）米×0.75米。

8. 朝研早豇豆　早熟品种。辽宁省朝阳市蔬菜研究所育成。主蔓结荚为主，荚深绿色，长60～80厘米。荚肉厚，肉质嫩，耐老，品种优良。亩产2 500～4 000千克。叶稀少，适宜密植，抗性好，耐低温能力强。比901豇豆早熟，更适合保护地及露地早熟栽培。行距60厘米，穴距30厘米，穴留苗2～3株，亩保苗1万株左右。为防止早衰和获得高产，应及时浇水追肥。适应在全国各地栽培。

（四）适宜春夏秋季节栽培的品种

1. 之豇28-2　中熟品种。浙江省农业科学院蔬菜所培育的长豇豆新品种。耐热性较强，耐寒性中等，抗花叶病毒病能力较强。植株蔓生，生长势强，生长速度快，全生育期80～100天。分枝弱，主蔓结荚为主，结荚性好，主蔓第3～5节开始着生第一花穗，第7节以上节节有花穗，花浅紫色，每花穗结荚2～4条；荚白绿色，荚长约65厘米，单荚重约20克；荚壁纤维少，肉厚籽少质糯，不易老化，品质好。适应性广，适宜全国各地（除高寒地区）春、夏、秋季种植。适宜穴行距0.25米×（0.7～

0.75）米，每穴2～3株。春季早熟栽培时，苗期用地膜加小拱棚覆盖。一般亩产2 000千克左右。

2. 夏宝豇豆　早熟品种。广东省深圳农业科学研究中心蔬菜研究所选育的新品种。植株蔓生，蔓长4.0～4.5米，有2～3个分枝。叶片较小，叶肉厚，深绿色。节间较短，平均节间长15.7厘米。第一花序着生在主蔓第四节，以后每节均着生花序。荚长55～60厘米。荚绿白色，润泽如翡翠，商品性好。荚肉厚而紧实，不易老化，炒食脆嫩，粗纤维少，品质优良。抗枯萎病、锈病。早熟种，春种从播种至始收60～65天；夏秋40天左右。亩产1 250～2 000千克。广东、海南、广西、福建、江西、湖南、河南等地均有种植。广东地区3～7月份均可播种。春播3～4月份，夏播5～6月份，秋播7月份，以春播产量最高。春播，畦宽1.8米，种双行，株距12～13厘米；夏、秋播种，畦宽1.5米，种双行，株距10～12厘米。施足底肥，苗期至抽蔓期追肥2次，开花结荚期追肥2次。开花结荚盛期水分供应要充足。

3. 之豇特长80　中熟品种。浙江省农业科学院园艺所最新育成的高产、优质、特长荚豇豆新品种。生长势强，分枝少，抗病毒病，春、夏、秋栽培均优，全生育期80～100天。初荚部位低，结成性好，条荚粗壮，淡绿色，平均嫩荚长70厘米。种植密度以行株距0.75米×0.28米为宜，平均每公顷产嫩荚30 000千克。适合全国各地种植。

4. 高产4号　早熟品种。广东省汕头市种子公司选育。植株蔓生，茎蔓粗壮，分枝少，适于密植。主蔓结荚为主，始花节位2～3节，坐荚率高。荚长60～65厘米，横径约1厘米，嫩荚淡绿色，品质优，不易老化。极早熟，从播种至始收35天，可连续采收30天以上。丰产性好，一般每公顷产嫩荚22 500～30 000千克，高产达37 500千克以上。稍耐低温，耐热，耐湿，抗病，适应性广。热带地区四季均可种植，长江中游地区可春、夏、秋季栽培。

5. 翠绿100 中晚熟品种。内蒙古开鲁县蔬菜良种繁育场从青豇901变异株中经单株提纯选育而成。蔓生，全生育期100天，全生育期需有效积温1 800～2 000℃。植株长势壮，叶片小，主侧蔓结荚，始花节位低，主蔓第3节、侧蔓第1节着生花序，花紫色，结荚率高，每株结荚40～55个，雌花闭合6～7天可采摘鲜荚。豆荚生长整齐、直长、美观，平均荚长90～100厘米，粗8毫米，单荚重25克，嫩荚淡绿色，有光泽，肉厚、汁多、纤维少，耐老性强，商品性佳。单荚有种子16～18粒，种子肾形，黑色。较耐热，耐涝，抗逆性强，适应性广。对光照反应不敏感。我国南北各地春、夏、秋露地、保护地、温室均可播种栽培。春播55天采摘鲜荚，平均亩产鲜荚4 000千克，每亩用种1.5千克。

6. 红嘴燕 早熟品种。成都市郊地方品种，栽培历史悠久，现全国各地均有栽培。蔓性，早熟，丰产。长势较强，分枝力弱。叶柄和茎浅绿色，小叶绿色。花冠浅紫色，第一花序着生节位5～7节，每花序2～4荚，嫩荚浅绿色，先端紫红色（故名红嘴燕）。荚长50～60厘米，宽约0.9厘米，肉厚，纤维少，质脆嫩，味稍甜，品质好。每荚有种子约20粒，种子肾形，黑色。较耐热。春、夏、秋季均可栽培，因叶量小，适于密植，增产潜力大。长江流域3月下旬育苗或直播，4月至8月均可播种，60～80天采收嫩荚。一般亩产量2 000千克。

7. 天马三尺绿 极早熟品种。河北省农业科学院蔬菜研究所与北京市天马蔬菜种子研究所共同繁育而成。植株蔓生，结荚率高，荚长95厘米。种子肾形，种皮黑色或褐色，有波纹，百粒重16～20克。极早熟，播后30～40天见荚，嫩荚伸长速度快。每公顷产嫩荚30 000千克以上。耐高温、干旱，抗病性强。适于华北地区种植，春、夏、秋均可栽培。

8. 早翠（鄂豇豆2号） 早熟品种。湖北江汉大学农学系

1996年培育而成的新品系，1999年通过湖北省农作物品种审定。蔓生，生长势强，无分枝或一个分枝，节间长19厘米左右。茎绿色，较粗壮，叶片较小，深绿色。始花节位2～3节，每株花序数13～18个，每花多生对荚，荚浅绿色长圆条形，长60厘米，单重14克左右，荚腹缝线较明显。种子棕红色，百粒重14克。露地春播后48天可始收嫩荚，延续采收近40天；夏播38天始收嫩荚，延续采收35天。结荚集中。较耐湿，抗病性强。对光周期反应不敏感，适于春、夏、秋各季栽培。每公顷产嫩荚19 500～30 000千克。

9. 株豇2号 早熟品种。湖南省株州市农业科学研究所利用之豇28-2优良单株选育而成，1992年通过株州市农作物品种审定委员会审定。植株蔓生，长势强，蔓长2.0～2.8米，上部有少数分枝，主茎第2～3叶节开始着生花序，每花序有2～6朵花，花冠浅蓝色，商品荚长65～75厘米，单荚重27克，白绿色，纤维少，肉厚，种子小。早熟，前期开花集中，结荚率高。春播至始收52～55天，比之豇28-2早收5～7天；夏秋播种至始收35～45天。每公顷产嫩荚36 000千克左右。适于湖南以及黄河以南地区春、夏、秋栽培。

10. 特选2号豇豆 早熟品种。河南省开封县大李庄农业科学研究所选育。嫩荚长60～80厘米，长达120厘米，籽少粒小，纤维少，迟收3～5天不易老化，味鲜美，商品性好。适应性强，对光照不敏感，对气候要求不严格，在10～34℃范围内均能生长良好。无霜期4个月以上地区均可种植。早熟，春播55天、夏秋播45天即开始采收嫩荚。每公顷产鲜荚60 000千克以上。

11. 湘豇2号 中晚熟品种。湖南省长沙市蔬菜研究所选育而成，1992年通过湖南省农作物品种审定季员会审定。植株蔓生，分枝1～3个。主蔓始花节位2～5节，花淡紫色，每花序结荚2～4个，主侧蔓均能结荚。果荚深绿色，荚长64厘米，横径1厘米，单荚重16克。嫩荚肉厚而质密，商品性好。每荚有种子 19 粒，种粒肾形，红褐色，千粒重 147 克。中晚熟，播种至始收嫩荚春季 60～70 天，夏秋季 55～60 天；春播全生育期95～115 天，夏秋播 85～95 天。每公顷产嫩荚 37 500～45 000 千克。抗煤霉病、锈病和根腐病。全国各地均可种植。

四、长豇豆设施栽培技术

（一）大棚豇豆春提早栽培

1. 品种选择 豇豆从植株形态上分蔓生、半蔓生和矮生三大类。一般大棚栽培豇豆以蔓生和矮生两类为多。由于大棚栽培环境和栽培条件的影响，选择豇豆应叶片稍小，节间稍短，主蔓中等长度，坐荚容易，较耐弱光，耐寒性强，如早豇 1 号等品种。各地可根据市场需求选定。

2. 播种育苗 豇豆一般以直播为主，大棚早春栽培以 2 月中下旬温室育苗为主。豇豆须根少，再生能力差，育苗粗放，造成伤根，影响定植后植株生长。采用营养钵育苗，可以全根定植，缓苗早，生长快，上市早。

（1）营养土配制 选择肥沃田土 6 份，腐熟有机肥 4 份，每立方米床土中加入过磷酸钙 5～6 千克、草木灰 4～5 千克，整细过筛混合，掺入 0.05％敌百虫和多菌灵或敌克松，堆积 10 天左右。注意：幼苗营养过于肥沃时极易烧根，为防止烧根，营养土配成后，可用几粒白菜类种子试种，2～3 天观察根系，如有根尖发黄现象，须再加田土调节，然后装入塑料营养钵内，准备播种。

（2）播前准备 豇豆播种前要进行晒种 1～2 天，使种子本身充分干燥，持水量一致。有利于发芽和杀死种皮表面的病原菌和虫卵。由于豇豆的胚根对温度、湿度比较敏感，为避免伤根，一般不进行催芽。

（3）播种 播种时，先将营养钵内的营养土浇透水，每穴放入种子 4 粒，上盖 2 厘米厚细土，播种后可用地膜铺在营养钵上面，以利保湿，然后提高苗床温度，白天 33～35℃，夜间 20～25℃，不通风换气，5～6 天出苗。出苗后，抓紧通风排湿，防止幼苗下胚轴伸长。

（4）培育壮苗　播种出苗后，要特别注意幼苗生长最敏感的温度和湿度管理，出苗率达 85%以后就要开始通风排湿。常规方法是先开天窗半小时后，再开侧面通风口。通风口要由小到大逐渐降温，防止大风扫苗。白天温度维持在 20～30℃，夜间 14～15℃。子叶展平、初生真叶展开后，白天温度 30℃左右，夜间 12～13℃。经 10 天左右要及时间苗，每个营养钵内留苗 3 株。

用塑料营养钵育苗，营养土易干，要时常观察苗情，发现叶片下垂时就要补充水分。苗床浇水时要选择晴天中午，浇水要浇透，不要洒水轻浇，造成苗期干旱。根据幼苗叶色适当补充营养液，浓度不宜过大。据试验，营养钵补充营养液配方以尿素 1 000倍、磷酸二氢钾 1 000 倍为宜。浓度略大，有少量烧根现象。

（5）苗期锻炼　豇豆育苗移栽，在定植前为了增强幼苗的抗逆性，使定植后生长快，需要苗期锻炼。炼苗时间为 4～5 天。炼苗时白天提高温度，增加放风量，使叶片加大蒸腾作用，多积累干物质，夜间适当降低温度，锻炼其耐寒性。

炼苗时，晴天白天温度升高到 30℃以后通风，最高温度可达 33～35℃，夜间温度可降至 8～10℃，加大昼夜温差，使白天光合作用的营养在茎、叶上多积累，达到叶色深、叶片厚，增强幼苗自身素质，提高幼苗抗低温能力。炼苗时要注意营养土不能缺水。一般炼苗前浇一次足水，在炼苗期间调换苗床营养钵的位置，加大每株苗的距离，使全身见光。另外，阴雨天要适当保温，不能白天温度不高，夜间又较低，造成幼苗受害。炼苗后达到幼苗生长点和最上面的一片叶平齐、叶片色泽深绿为最佳标准。

3. 适时扣膜　早春栽培，正常的定植适期为 3 月中下旬，有前茬蔬菜的大棚，在豇豆定植前 5～7 天收获完毕；无前茬蔬菜的大棚，在定植前 15～20 天扣棚烤地，不通风，尽量提高棚温，以促地温提高，使土壤完全解冻。

4. 整地施肥定植

（1）施足基肥　一般每亩施腐熟有机肥 2 000 千克、过磷酸钙 50 千克、硫酸钾 20 千克，随耕地施入。耙平后作畦，畦宽 80～90 厘米，高 20 厘米左右，畦沟宽 35～40 厘米。

（2）定植　一般宽窄行定植，大行 80 厘米，小行 40 厘米，沟深 15 厘米，株距 24 厘米左右。定植的深度以子叶露出土面为宜。浇足定植水，待水下渗后，畦面上覆盖地膜，地膜宽度80～90 厘米，把苗拉出膜孔，封平。若想提早定植，可在定植畦上加扣小拱棚进行短期覆盖，棚高 80～100 厘米，拱棚架用小号竹竿或引进日本的一种小棚塑料尼龙捧拱架，长 2 米左右，弹性极好，用起来弯曲自如。覆盖材料用普通塑料薄膜。定植时要选苗，淘汰病苗、弱苗，并且均衡秧苗长势，在大棚边缘及门口处定植大苗，使秧苗生长一致。

5. 定植后管理　定植后的管理主要是温度、肥水、插架引蔓等。田间管理的主要任务：在幼苗期控制徒长，防止疯秧，调节营养生长和生殖生长的关系；在开花结荚期防止落花落荚。温湿度及肥水管理均要围绕这个中心进行，否则，前期茎叶生长过旺，花序少，结荚晚，直接影响豇豆前期产量，经济效益明显下降。

（1）温度管理　幼苗在大棚内定植初期要注意温度管理。为促进缓苗，要密闭大棚，不通风，保持高温高湿环境 4～5 天，白天控温 20℃以上，夜间 15～18℃，空气相对湿度 60%～80%。当棚内气温超过 32℃时，在中午应进行短时间通风换气，适当降温，防止烤苗。要特别注意突然出现的寒流、霜冻、大风、雨雪等灾害性天气，一旦发生，要采取临时增温措施，即在大棚四周围草帘（即围裙），或在大棚上临时覆盖遮阳网等。缓苗后，大棚内应开始通风排湿降温，白天控温在15～20℃，夜间12～15℃，防止幼苗徒长。加扣小拱棚的，棚内也要通风。通风口要逐渐加大，外界气温升高后，幼苗生长加快，触及小拱棚顶，应撤去小拱棚及大棚的“围裙”。

随着幼苗的生长，棚温要逐渐提高，白天控温在20～25℃，这是豇豆生长发育适温，晚上控温在15～20℃，棚温高于35℃或低于15℃对生长结荚都不利。进入开花结荚期，温度不能控制太高，30℃以上的高温会引起落花落荚，应进行通风，调节棚内的温度，上午当棚温达到28℃开始通风，下午降至15℃以下，关闭通风口。到生长中后期，当外界温度稳定在15℃以上时，可昼夜通风；气温稳定在20℃以上时，可逐渐撤去棚膜（这时已进入结荚后期）。

（2）肥水管理　肥水管理要做到前控后促。开花结荚前控制肥水，防止徒长，若肥水过多，茎叶生长就过旺，导致花序少且开花部位上升，易造成中下部空蔓；结荚后，加强肥水管理，促进结荚。在缓苗阶段不施肥，不浇水，若定植水不足，可在缓苗后浇缓苗水，往后不再浇水而进行蹲苗。从定植至开花前一般不浇水、不追肥。开花期不浇水，否则易引起落花。结荚初期，浇第一次水、追肥，促进果荚和植株生长。追肥以腐熟人粪尿和氮素化肥为主。每亩施30％腐熟人粪尿500～800千克，每平方米施硫酸铵30克或硝酸铵22.5克。浇水后要加大通风量，排除棚内湿气，减缓发病。结荚盛期是需肥高峰期，如果肥水不足，嫩荚的产量和品质显著下降，要集中连续追3～4次肥，一般每亩施50％腐熟人粪尿700～1 000千克，并及时浇水，一般每7～10天浇水一次。由于在棚内浇水，每次浇水量不宜太大，结合防病治虫，可叶面喷施0.3％磷酸二氢钾。豇豆采收期如肥水不足，植株易早衰，应在整个采收期注意肥水的均衡供应。

（3）搭架引蔓　当植株生长出5～6片叶开始伸蔓时，及时用竹竿插搭人字形架，每穴插 1 根，并架横竿联结，扎牢。引蔓于架上，引蔓宜在下午进行，防止茎叶折断。

6. 防止落花落荚

（1）落花落荚的原因　幼苗生长初期，花芽分化遇到低温会直接影响开花结荚；开花期遇到低温或高温，或棚内湿度过大、土壤和空气湿度过小等，影响授粉受精，从而引起落花落荚；在结荚期，若植株生长状况差，营养不良，不能满足茎叶生长和开花结荚所需养分，或植株生长过旺，使叶与花之间、花与花之间、果荚与果荚之间争夺养分而导致落花落荚；后期由于植株生长势变弱，营养物质减少，而引起落花落荚。

（2）防止办法　在幼苗期创造适宜的环境条件培育壮苗，防止幼苗受低温危害，从而促进花芽分化。合理密植，及时搭架，创造良好的通风透光条件。在开花期注意温湿度管理，防止温度和湿度过高、过低；同时，开花期以保墒为主，促根控秧，为丰产奠定基础。追肥浇水掌握好促控结合，早期不偏施氮，增施磷、钾肥。及时防治病虫害，促进植株健壮。采收及时，防止果荚之间争夺养分。在生产上，于开花期喷施生长调节剂，在一定程度上可以防止落花落荚，提高坐荚率，一般喷施 5～25 毫克/千克萘乙酸或对氯苯氧乙酸 2 毫克/千克。

7. 采收　大棚豇豆定植后 40～50 天开始采收嫩荚。采收要及时，一般在花后 10～20 天豆粒略显时，抓紧采摘，防止已长成的商品果荚对其他小果荚以及植株的影响，初期每 5～6 天收一次，盛期 3 天左右收一次。豇豆每个花序有 2～3 对以上花芽，采收时不要损伤花序上其他花蕾，更不能连花一起摘下，以便以后继续开花结荚。果荚大小不等，必须分次摘取，方法是在嫩荚基部 1 厘米处掐断或剪断。

（二）秋延后大棚豇豆栽培

1. 播种

（1）品种选择　秋延后大棚栽培豇豆，宜选用日照要求不严格、耐热抗病、耐弱光的品种。如根据洞庭湖区的地理气候特点及消费习惯，可选择苏豇1号等品种。

（2）选地整地　在秋延后栽培中，由于前期温度高，后期温度低，应在大棚中栽培，结合使用遮阳网、防虫网、大棚膜，实现豇豆稳产丰产。豇豆对土壤要求不严格，但以土层深厚、肥沃、松软、排灌良好、通气性好的沙壤土或壤土为宜。豇豆忌连作，要选择三年内未种过豆科作物的田块种植。翻耕时，每亩施入腐熟人畜粪1 500～2 000千克、饼肥25千克、三元复合肥50千克、过磷酸钙50千克。耙碎，整成畦面，高畦，畦宽（包沟）1.2～1.4米，沟深25～30厘米，以利排水。畦面要平整，不得有大土坨。

（3）适时播种　秋延后大棚栽培一般在8月1日至8月10日播种最适宜。如果播种太早，开花期正值高温，结实率低；若播种太晚，后期温度较低，影响总产量。由于秋季温度较高，采用直播较好。播种前，应精选种子，选用籽粒大、整齐、饱满、种皮亮泽、无虫蛀、无霉烂的种子，在太阳下晒1～2天，再用冷水浸泡2～4小时，吸足水分，可使种子出苗快、齐、壮。应尽量选在雨后初晴播种，有利于提高出苗率，最忌播种后遇上连续数日暴雨引起烂种。以浅播为佳，每畦播种2行，穴距35厘米左右，每穴3～4粒，每亩播种2 700～3 100穴，亩用种量1.5～2.5千克。

2. 田间管理

（1）盖防虫网　在秋延后栽培中，蚜虫和豇豆荚螟是生产上的主要害虫，务必引起高度重视，实行防虫网隔离。豇豆播种后出土之前，应尽快盖好防虫网，其密度不得低于30目。盖网后，迅速喷施一次吡虫啉，以保证秧苗出土后免遭虫害。

（2）肥水管理　豇豆的根系发达，具深根性，吸水能力强，叶面蒸腾小，因而较耐干旱。豇豆肥水管理总原则是前轻后重。前期预防徒长，后期防止早衰。

开花结荚前，豇豆对肥料的需求量不大，如果在苗期和抽蔓期肥水过多，容易引起蔓叶徒长，第一花序的节位升高，侧蔓增多，花序减少，底荚少，产量低。苗期应适当控制肥、水，促进生殖生长，以利于形成较多的花序，但在出苗期正值高温干旱期，根系尚处在表层，应适当浇水，以防萎蔫，可按每亩 2.5 千克左右尿素兑水淋施 1～2 次，切忌氮素肥料施用量太大。

开花结荚期，豇豆需肥量大，应浇足肥水，促花保荚。在蔓架的中部已经开花，底荚已达到 10 厘米左右时，要施重肥一次。每亩用冲施肥 10～15 千克，兑水后于晴天下午沟灌。

采收期，从第一次采收开始，每隔 7 天左右施一次肥，连追 2 次，以促进侧蔓抽生和开花结荚，防止早衰。每亩每次用 10～15 千克冲施肥，兑水灌施，以沟施为主，以后根据长势酌情追肥。由于豇豆对肥料的要求是以磷肥最多，钾肥次之，氮肥最少，所以除了苗期根瘤未充分发育而需补充一定氮素肥料之外，开花结荚期须以磷钾肥为主，尤其要增加磷肥用量，促进根瘤菌的活动，使植株生长健壮，开花多，结荚充实。

（3）支架引蔓　当苗高达到 30 厘米左右时，节间开始伸长，进入抽蔓期，此时应及时搭架，一般做成人字架。每穴插一根竹竿，支架不得太长，以免影响后期扣棚。支架可每 2 根或 4 根绑成一把，上边加一根横竹竿起到稳固作用。搭架后要经常引蔓。引蔓一般在上午 10 时以后进行，以防扭伤叶蔓。豇豆的藤蔓是逆时针方向缠绕，在引蔓时应逆时针方向扶蔓。引蔓时，注意要将节位高度在 30 厘米以下的侧蔓一律剪除，以提高成荚率。阴雨天不要引蔓，以免造成伤口，引发病害。

（4）打顶　当主蔓达到竹架顶部，并已回头约 30 厘米左右时，应及时将顶部剪除，防止架间相互缠绕，影响通风透光。通过打顶，可有效控制营养生长，促进下部节位的花芽分化，增加开花数，提高结荚率。

（5）扣棚保温　9 月下旬后会有冷空气袭来，影响豇豆的正常生长，应及时扣棚，盖好塑料薄膜，以防冷害。一般在 9 月 20 日以前盖好大棚膜。盖膜之后，如果是晴天，则白天敞开大棚两边，晚上全盖；如果是阴雨天，则昼夜不敞膜。以保证白天温度在 30℃左右，晚上 20～25℃。

3. 适时采收 秋延豇豆从播种至始收 38～50 天，从开花到嫩荚采收 8～12 天为宜。一般应在种子刚开始膨大时采收，可保证豇豆肉质致密、脆嫩，便于运输，又能保证产量。因夏秋季温度较高，应天天采收，否则影响品质。采收时间以早上露水未干时为最佳。

一般情况下，一个花序有 2～5 对花芽，而同时结荚的通常只有 1 对荚，在肥力充足的条件下，能同时成荚 2～6 条，所以采收时应尽量不要损伤其余花蕾，更不能连花柄一起采下。要用剪刀采收，将豆荚从基部剪断，整齐扎成小把，放在阴凉处，以防日晒萎蔫。

（三）大棚豇豆越冬栽培

1. 合理密植 越冬茬豇豆由于生长期处于低温、弱光环境下，光合作用受阻，植株本身营养受到限制，所以在定植时一定不能太密，以防叶片互相挡光。一般采取 70 厘米、50 厘米大小垄定植，穴距 27～30 厘米，每穴 2～3 株，定植后浇水，划锄后覆地膜。

2. 田间管理 冬季加强覆盖保温、采光，经常擦棚膜，使透光良好，最好在棚内挂反光幕。在肥水管理上，应尽量少浇水，在架豇豆插架前和地豇豆开花前，亩追施硫酸铵 15 千克。结荚期每 10～15 天追肥一次，每次施硫酸铵 15～20 千克。有条件的，开花后晴天每天上午 8～10 时追施二氧化碳气肥，施后 2 小时适当通风。豇豆生长后期植株衰老，根系老化，为延长结荚，可喷 0.2%磷酸二氢钾进行叶面施肥。架豇豆伸蔓后及时搭架引蔓，以后及时打杈、抹芽，尽量避免叶片间互相挡光，株高 2～2.5 米时及时摘心，促进结荚。每次采收后注意打掉下部老叶。矮生豇豆主枝高 30 厘米时摘心，可促其早抽生侧枝，利于豆荚生长，提高开花结荚率。

3. 及时采收　豇豆要及时采收，防止早衰。一般花后13～16天即可采收。大棚种植豇豆，由于处在低温高湿环境，通风不良，极易发生锈病，应及时防治。若棚内湿度过高，可选晴天中午放小风，以降低湿度。

（四）钢架塑料大棚豇豆丰产栽培

1. 选地

（1）茬口安排　豇豆对茬口选择不太严格，但连作不要超过2年，最好茬口为玉米、大麦或秋延后番茄。以早春茬为主，即2月底到3上中旬开始建棚播种，4、5月即可上市。

（2）立地条件　钢架塑料大棚豇豆地应选择水源充足、土壤深厚、多年种植的熟地。要求避风向阳，地势平坦，微碱性或无盐碱、无污染的沙壤土。

（3）建棚　建造移动式钢架塑料大棚，跨度8.0米，弧长9.5米，脊高2.6～2.8米，肩高0.85米，长40米，以南北方向为好。

2. 整地

（1）翻地施肥　如前茬是刚拉完秧的番茄地，需进行翻地、施肥。深翻地的同时，将枯枝烂根进行清理，翻过一遍以后进行施肥，施农家肥125吨/公顷、腐熟鸡粪43.75吨/公顷、腐熟饼肥3 437.5千克/公顷、过磷酸钙562.5千克/公顷，肥料撒施均匀后，浅翻两遍，使土肥混合充分、均匀，之后晾晒10天。

（2）作畦　对大棚用地要进行全面整治，打碎耙耱，整地作畦，畦宽120厘米（含埂），埂宽20厘米。

（3）扣棚熏蒸　3月初扣棚，用硫黄粉93.75千克/公顷，对大棚封闭熏蒸48小时，可有效杀死部分病原菌及土壤中的虫卵，对豇豆锈病发生有一定的预防效果。

3. 种植

（1）品种选择　选择早春耐寒、适应性强的早熟品种。适合的品种有之豇 28-2 和苏豇 1 号等。

（2）播种　豇豆一般选用干籽直播，按 22.5～30.0 千克/公顷备种。播种前，为提高种子的发芽势和发芽率，保证发芽整齐、快速，应进行选种和晒种。先剔除饱满度差、虫蛀、破损和霉变豆，再选好天气晒 1～2 天。每穴播 3～4 粒，种子发芽最低温度为 8～12℃，发芽最适温 25～30℃，一般播种后 10 天左右即可出苗。

（3）密度　畦宽 1.2 米，在畦面播种，行距 65 厘米，穴距 20～23 厘米，保苗 15 万株/公顷。

4. 田间管理

（1）叶面喷肥　为了使豇豆生长得更好，获得高产，应在豇豆长到 15 厘米左右时喷施叶面肥，以促进其生长发育。按磷酸二氢钾 1 200～1 500 克/公顷的标准，将磷酸二氢钾稀释成500～700 倍液后进行喷施。喷施叶面肥应在晴天的下午进行，喷施应均匀。间隔 10 天再喷施一次，效果比较好。

（2）锄草　大棚白天温度高，夜晚湿度大，容易生长杂草，如不及时锄草，很容易形成草荒，所以要及时对畦面进行中耕除草，保证豇豆能够有充足的养分和空间生长。一般应在小苗长到 12～15 厘米时进行第一次中耕除草。注意中耕不宜过深，以免伤到幼根，影响豇豆生长。第一次中耕后 10～15 天进行第二次中耕。

（3）搭架　蔓性豇豆要根据塑料大棚的结构特点，中间位置尽可能地搭得高一点，两边高度逐渐变小，千万不要顶到塑料布上。一般株高可达 2.5～3.2 米，所以要充分使用大棚内的空间，同时要考虑采光的合理性。

（4）水肥管理　对于保水能力极差的漏沙地，浇水是田间管理的一项重要内容。前期水浇得过多会出现徒长，后期水跟不上，会影响产量。进入结荚期，灌水要结合施肥，可施人粪尿 12 吨/公顷。

（5）促控结合　由于豇豆适应性强，一般不大注意田间管理，任其自然生长，结果造成枝繁叶茂，光照不足，郁蔽徒长，落花落荚，产量上不去，后期提前拉秧。因此，要加强管理，使结荚期大大延长，产量可大幅度提高。应前控后促，防止徒长；搭架以后，浇水不能过勤，浇水同时结合培土，既保墒又有利于稳定地温，促进根系向纵深发展，抑制枝叶徒长。

（6）打杈　把第一花序以下各节的侧芽全部打掉，但必须等长到6～9厘米时才能打。第一花序以上各节的叶芽应及早摘除，摘除时只摘叶芽，不能损伤花芽。

（7）摘心　主蔓长到架顶时，应及早摘除顶芽，促使中、上部侧芽迅速生长，若肥水充足，植株旺盛时，可任其生长，形成中、上部子蔓横生，各子蔓每个节位都生花序而结荚，为延长采收期奠定基础。

5. 适时采收　当荚条长成粗细均匀、荚面豆粒处不鼓起，但种子已经开始生长时，为商品嫩荚收获的最佳时期，应及时采收上市。采收须注意以下几点：一是不要伤及花序枝。豇豆为总状花序，每个花序通常有2～5对花芽，但一般只结1对荚；如果条件好，营养水平高，可以结2对或3对荚。所以采收一定要仔细，严防伤及其他花蕾，更不能连花序柄一起拽下。要保护好花序。根据笔者多年的经验，在采摘豆角的时候，留基荚（连接花序柄处）5～8毫米采摘，效果最好。二是采收宜在傍晚进行，严格掌握标准，使采收下来的豆角尽量整齐一致。

五、长豇豆常见病虫害及其防治

1. 茎枯病　主要危害叶柄、茎蔓和近地面的茎基部，病害发生后，茎秆局部变成褐色，晴天干枯，病茎上端枝叶凋萎枯死。防治方法：喷洒80%新万生可湿性粉剂600倍液，隔10天一次，连续防治2～3次。

2. 枯萎病　发病后，全株枯萎，传播速度快，毁灭性大。剖开病株茎基部和根部，可见内部维管束组织变褐色。连作地及土壤含水量高的地块发病重。防治方法：实行3年以上轮作；采用高垄深沟栽植，结合整地每亩施生石灰 100～150 千克；在发病初期用 60%琥·乙膦铝可湿性粉剂 500 倍液或 77%多宁可湿性粉剂 800 倍液喷淋根部。

3. 锈病 主要危害叶片，发病时叶片上产生黄褐色病斑，病斑中央突起呈暗褐色，周围具黄色晕环，发病严重时，病斑相互连结，引起叶片枯黄脱落。防治方法：在发病初期开始喷药保护，视病情发展，每隔 5～7 喷药一次，连喷 3～4 次。防治方法：可选用 15%粉锈宁可湿性粉剂 1 000 倍或 65%代森锌可湿性粉剂 500 倍液等喷雾。

4. 煤霉病 在豇豆采收前发病最重，引起落叶，发病时叶上产生近圆形的紫褐色病斑，表面有暗灰色或灰黑色煤烟状霉，严重时，病叶干枯早落，仅存梢部幼嫩叶片。防治方法：发病初期喷洒 50%速克灵可湿性粉剂 1 000 倍液或 70%代森锰锌可湿性粉剂 700 倍液、50%甲霜铜可湿性粉剂 600 倍液，每 5 天左右一次，连续防治 2～3 次。

5. 白粉病 发病后叶上产生白粉状斑，严重时白粉覆盖整个叶片，逐渐发黄、脱落。防治方法：在发病初期施药，可选用 15%三唑酮（粉锈宁）1 500 倍液或 50%甲基托布津可湿性粉剂 800～1 000 倍液喷雾，每 5～7 天一次，连续防治 2～3 次。

6. 蚜虫 是豇豆主要虫害，又是豇豆病毒病的主要传毒媒介之一，从幼苗期开始至整个生长发育期均可危害。防治方法：选用 2.5%吡虫啉乳油 1 500 倍液喷雾，7～10 天喷施一次，连喷 3 次左右。

7. 豇豆荚螟 常以幼虫危害，蛀食花、豆荚，蛀孔堆有绿色虫粪，蛀食早期造成落荚，蛀食后期种子被食，造成严重减产。防治方法：从植株现蕾开始，每隔 10 天对花、蕾喷药一次，可控制危害。可选 5%抑太保 2 000 倍液或 BT 杀虫剂 500 倍液等，在上午 10 时之前花瓣张开时喷雾最好，总的原则是“治花不治荚”，即重点对藤蔓的花、蕾施药。

第三章

菜豆设施栽培

一、菜豆生产发展概况

菜豆，又名四季豆、芸豆、饭豆，以嫩荚或豆粒供食用。

菜豆作为世界上最主要的食用豆，生产量和消费量都很大。据报道，2008 年世界上有 95 个国家种植菜豆，总面积达到 4.5 亿亩，占食用豆总面积的 38.7%。总产量达到 1 764 万吨，占食用豆总量的 29.7%。目前，我国的粒用菜豆面积 450 万亩，总产达到 40 万吨；鲜豆荚采收面积有 1 200 万亩，总重量达到 240 亿千克。籽粒型菜豆主要用于出口，出口国是日本和东南亚各国，鲜豆荚 70%在国内消费，主要消费区域在沿江、沿海区域以及黑龙江一带。

种植菜豆有很高的经济效益，据调查，一般亩产可达到 2 000千克，以每千克 3.0 元计算，毛收入 6 000 元，纯收入约 4 500元，一年可以种植两季，亩收入可以接近万元。因此，种植菜豆的投入产出比值较高，而且菜豆的食品加工业发展很快，速冻菜豆销路很好，产品的附加值也高，在一定程度上促进了菜豆的生产发展。

种植菜豆还有很大的生态效益，因为种植菜豆目前提倡采用无公害栽培，尽量少用或者不用化学肥料，并使用高效低毒农药或者植物源农药，采用物理方法（黄板纸）诱杀昆虫等，明显减少了农产品化学污染和土壤及水资源污染。

二、菜豆生物学特性

菜豆自然杂交率极低，是一种典型的自花授粉作物。

1. 根　菜豆的根系属于直根系，入土很深，由主根、侧根、根毛和根瘤等组成。菜豆的根系80%集中在土表下25厘米的耕作层内，主根是一条近似于圆柱状的器官，上面着生许多侧根，侧根可分成一次侧根和二次侧根，在主根、一次侧根和二次侧根上均被以根毛，根毛是菜豆吸收土壤水分和矿质营养的主要器官。菜豆的根系上长有大量根瘤，根瘤里含有大量的根瘤菌，它能够将空气中的氮素转变为可被菜豆吸收和利用的氮素。种过一次菜豆的土壤，氮素含量会有明显提高，土壤的理化性状也会得到明显的改良；从未种植过豆类作物的土壤，在第一次种植菜豆时，对种子进行根瘤菌接种，能够明显提高菜豆根系的根瘤数量和固氮能力。根瘤菌能够固氮，这是一种最省钱又利于菜豆高产的好事，但是根瘤腐烂后，会在土壤中留下大量不利于下茬豆类作物生长的有机物，被称之为“化感物质”，因此，种过一季菜豆后，应该再种植两季非豆科作物，才适宜继续种植豆类作物。菜豆的根系具有支撑植株，吸收营养和合成少量有机物的功能。

2. 茎　菜豆的茎近似圆柱形，也有少数品种的茎呈扁状。菜豆的茎分为无限结荚型和有限结荚型。无限结荚型的茎可以连续进行叶片和茎的分化，长度可以延伸很长，越是到上部，叶片越小，茎秆越细，茎的不断延伸带来菜豆花序的不断分化，但是越到后来由于营养物质的运输越来越远，运输过程中的物质消耗越来越多，加之植株慢慢老化，上部的豆荚往往很小，没有商品价值。有限结荚型茎的长度往往很短，一般为30～60厘米，这种类型的菜豆从顶端开始开花、结荚，然后往下延伸，开花结荚很集中，豆荚的商品性也比较好。有限和无限是菜豆两种完全不同的结荚习性，除了表现为主茎长短明显不同外，栽培方法也有很大差异，无限型菜豆必须人工建立支架，让豆蔓攀援，从基部开始开花结荚，结荚和采收时间明显长于有限型品种；有限型品种不需要人工支架，从植株顶部开始开花结荚，结荚时间延续很短，上市比较集中。

菜豆的茎包括主茎和分枝，在一次分枝上还会生出二次分枝。茎上被以茸毛，茸毛数量和茸毛形状是品种的固有特征，是进行品种鉴定的重要性状，与菜豆的抗虫性有密切联系，茸毛多而长的品种抗虫性较差，因为茸毛利于昆虫产卵和幼虫孵化。

3. 叶　菜豆的叶片是三出羽状复叶，也有少数品种呈五出羽状复叶。小叶有卵圆、椭圆和长椭圆形，叶色深绿、绿色或淡绿。叶片的厚度差异也很大，这种差异是由于叶绿细胞或栅栏细胞层数不同造成的。叶片是菜豆进行光合作用的主要器官，叶片的受光姿态和着生角度和菜豆的光合作用效率关系密切。菜豆的高产长相是苗期叶面积系数上升较快，中期绿色叶面积稳定时间长，后期叶片黄化速度慢。

4. 花　菜豆的花是蝶形花，由花冠、雄蕊和雌蕊组成，花瓣由旗瓣、翼瓣和龙骨瓣组成，雄蕊由花丝和花药组成，雌蕊由花柱、柱头和子房组成。多数菜豆品种是开花受精，也有少数品种是闭花受精。菜豆是自花授粉作物，天然杂交率很低，花粉粒依靠风力或者蚜虫、蓟马等昆虫传播到柱头上。开花时的气候环境直接影响菜豆的受精效果，晴朗、较为湿润的天气有利于菜豆授粉，过于干旱或连续阴雨不利于受精作用，因此进入生殖生长期一定要注意抗旱和排涝，保持菜豆生长有一个良好的外部环境。

5. 豆荚　豆荚是收获的主要器官，除了少数制种田之外，大多数菜豆均以采收鲜菜豆荚为种植目的。豆荚由珠被发育而来，胚珠受精后慢慢发育为种子。没有受精的胚珠会很快死亡，引起花朵脱落。新鲜的菜豆荚有绿色和白色两种，不同地区的居民对菜豆荚颜色有不同的喜好，鲜荚一般在开花后10～14天采收。菜豆鲜荚的形状有圆柱形、扁形、弯镰形，长度5～25厘米，宽度0.3～1.5厘米，长江中下游地区的居民喜好圆柱形豆荚，北方居民偏好扁形豆荚。豆荚大小与籽粒大小有密切联系，籽粒大的品种豆荚都比较大，籽粒小的品种，一般豆荚都比较小。种子数量一般5～10粒。豆荚被缝线和腹缝线的韧性是遗传特性，韧性很强的菜豆品种易变老，作为鲜食菜豆，不希望韧性出现太早，太早筋太多、太老，明显影响菜豆的商品性，选育无筋或少筋的品种，是菜豆育种的重要目标。成熟的菜豆荚呈灰白色、褐色或棕色，也有少数品种呈黑色。

6. 种子 菜豆的种子以黑色或棕色为多，也有少数品种的成熟种子呈白色或双色。籽粒大小以百粒干重计算，多数品种的百粒重为18～25克，低于10克的品种很少，百粒重大于30克的品种近年来有不断增加的趋势，太大的籽粒不利于保种和出苗，也不利于籽粒均匀一致。籽粒形状有梭形、扁形、长椭圆形，这些形状主要受遗传控制，栽培条件对其影响很小。

三、菜豆主要品种类型与分布

按豆荚的性质可分为软荚菜豆和硬荚菜豆。软荚菜豆荚果缝线和腹线不发达，荚厚，粗纤维少，品质佳，一般作鲜食。硬荚菜豆荚壁薄，纤维多，种子发育快，在荚果很小时可作菜用，稍大后果肉老化变硬，为粮用菜豆，又称芸豆。

（一）软荚菜豆

按生长习性可分为直立型菜豆和蔓生型菜豆。

1. 直立型品种 直立型品种一般植株矮小，每株开花40～70朵。花期与采收期时间很短，故产量潜力不是很大，适合与其他作物间套作。

（1）苏菜豆2号 圆棍形四季豆品种。江苏省农业科学院于2009年育成，2012年通过江苏省品种鉴定。适合在江苏省全省范围内作春季大棚或秋天露地或大棚栽培。幼苗绿色，苗期长势强，成株蔓生，叶片绿色，叶卵圆形，花紫红色，荚绿白色。播种至采收嫩荚约60天，采收期25～30天，全生育期90天左右。株高3.5米，荚长18～20厘米，宽1.3厘米，厚1.1厘米，结荚节位5～7节，结荚率高，单株结荚44.6个，单荚重11.9克。

品质优，耐热性强，抗叶霉病和锈病。一般亩产 2 500 千克左右。

（2）81-6菜豆　早熟矮生品种。江苏省农业科学院蔬菜研究所育成。株高45～55厘米，紫花，黑籽，商品荚圆棍形，绿色，无筋，无革质膜，肉厚籽小，耐老。荚长12～14厘米，横径0.9～1.0厘米，单荚重7.6～8.2克，平均单株结荚24.6～36.6个。一般亩产1 100～1 400千克，早期产量占总产量的32%～38.4%。适合全国大多数地区种植。主要作春季露地和保护地栽培。长江中下游地区早熟栽培2月初至3月中旬冷床育苗，苗龄15～20天。露地栽培可在4月初播种。穴行距30厘米×30厘米，每穴留苗2～3株，亩用种量4～5千克，结荚期加大肥水供应，及时采收。

（3）上海短箕黑子　花紫色，荚长13厘米左右，淡绿色，横切面近圆形，鲜荚品质好。种子黑色，播种到采收50天，一般情况下每亩可收获鲜荚500千克。

（4）长沙四月白　花白色，荚长12厘米左右，浅绿色，横切面近于卵圆形，荚肉较薄，种子黄白色，肾形。播种到采收60～65天，亩产550千克左右。抗病能力较强。

（5）世纪美人　内蒙古开鲁县蔬菜良种繁育场选育的最新矮生菜豆品种。株高60厘米，极早熟，从播种至收获嫩荚40天，连续结荚力强，长势壮，生长快，结荚期长，分枝力好，较抗疫病，耐热，耐涝，耐寒。开花率高，株结荚80～120条，花紫色，荚长18～20厘米，单荚重10克，嫩荚圆粗，长棍形，饱满，皮薄，表皮深绿富有光泽，肉厚、多汁、质脆、无纤维。商品性好，口感佳，投放市场深受消费者欢迎，耐贮运，适应性广，抗逆性强，丰产。

（6）矮黄金　极早熟、抗病、优质、高产珍稀矮生菜豆新品种。矮生无蔓，株高45～50厘米，茎秆粗壮，抗倒伏，不用搭架；成熟期早，从播种到采收45天左右，地膜覆盖40天可采收上市，比其他矮生菜豆早7～10天，北方一年可种两茬，南方可多茬种植；荚形美观，嫩荚圆棍形，光滑笔直，荚金黄色，美观艳丽，荚长15～18厘米，直径0.7～0.8厘米，结荚多而密集，单株结荚60～80个；品质优良，嫩荚肉厚，无筋，无纤维，不易变老。食味佳，商品性好；抗逆性强，抗寒，耐热，高抗病毒病、炭疽病，适合全国大部分地区春秋露地和保护地栽培；高产高效，亩产2 000～2 500千克，效益是普通矮生菜豆的1～2倍。

2. 蔓生型品种 蔓生型菜豆又称架豆。植株高大，茎秆柔弱，自植株下部开始向上开花，主茎呈无限结荚习性，开花时间较直立型长，结荚时间长，产量高。是高产试验的首选类型。

（1）苏菜豆1号 早熟圆棍形菜豆新品种。江苏省农业科学院蔬菜所2006年育成，2009年通过江苏省品种鉴定。植株生长势强，结荚性好。豆荚圆棍形，青荚淡绿色，种子白色。鲜荚炒熟后口感稍甜面，煮、炒易烂，口感风味较好。播种至采收嫩荚55天，采收期25～30天，全生育期86天。株高3.5米，荚长20～22厘米，厚1.3厘米，结荚节位5～7节，单荚重7.32克。抗逆性较强。适宜江苏各地春季大棚或秋季露地栽培。

（2）78-709 江苏省农业科学院蔬菜所选育。植株高大，生产势强，叶片大，主茎和分枝结荚多，结荚率高。花白色，在长江中下游地区春播全生育期86～92天，播种到采收嫩荚65天左右。秋播全生育期80～90天，播种到采收嫩荚53天左右。嫩荚绿色，圆直整齐，豆荚长14～15厘米，宽0.9～1厘米，提前收获细短，荚嫩籽小，肉厚，荚面光滑，手感柔软。较抗叶烧病。每亩鲜豆荚1 000～1 250千克。

（3）扬白313 扬州农业科学研究所选育。主蔓长3米左右，分枝多，叶片小，生长势较强，结荚率高，白花，白子，荚长11～12厘米，宽、厚0.8～0.9厘米，荚形较圆直，先端较弯，荚嫩籽小，肉厚，商品性好，适于罐头加工。耐热、耐旱性突出。抗叶萎病，耐病毒病、根腐病和叶烧病。耐老性较差，必须及时采摘。早熟品种，春播全生育期 88 天，采收期 28 天左右，秋播全生育期 82 天，采收期 24～28 天，每亩产量 1 100～1 250千克。

（4）上海白花架豆　又名上海小刀豆。原产上海，江苏、安徽、广东和广西有大量栽培。主茎蔓长 230 厘米，分枝 4～5 个，生长势强。中熟品种，春播全生育期 90 天左右，秋播生育期较短，单株结荚 25 个左右，白花，白子，荚绿色，长 10～13 厘米。宽、厚 0.9 厘米，肉厚，质嫩。采收期长，适于速冻和罐头加工。每亩产量 1 200～1 300 千克。

（5）白子四季豆　主茎高 3 米左右，分枝 4～5 个，荚长 10～13 厘米，荚绿色，表面光滑，横切面近圆形。肉厚，质嫩，每荚种子 5～7 粒，种子白色。采收期长，产量高，适合机械化收获。可春秋两季种植，但茎叶柔软，抗倒伏和抗病虫能力较差。除作鲜荚采收外，还可以作为加工用。南京、合肥、广西、湖北和湖南等地栽培较多。

（6）红花白壳　成都市郊区地方品种。植株蔓生，茎、叶片和叶柄紫色，花紫红色，第一花序着生于第 4～5 节，每序结4～6 荚，嫩荚绿色，单荚重约 8 克，长 14 厘米左右，宽 1.1 厘米，厚约 1 厘米。夹肉厚，脆嫩，品质佳。每荚种子 5～6 粒，种子肾形，黑色。中熟，丰产性好，每亩收获嫩荚 750～1 500 千克。

（7）供给者　引自美国。株高 50 厘米，分枝 6～8 个，生长势强。早熟种，全生育期 68～80 天，播种到采收嫩荚 60 天。嫩荚绿色，圆直，长 12 厘米左右，宽厚 0.9～1.0 厘米，肉细，较脆嫩。适合于鲜食和速冻加工，每亩产鲜荚 1 000 千克左右。

（8）法国细刀豆　引自法国。株高 60 厘米，分枝 6～8 个，生长势中等。中熟种，全生育期 90～100 天，播种到开花 40～45 天，开花后 8～10 天开始采收，采收期 40～45 天，豆荚长 10～14 厘米，粗 0.6 厘米，圆直整齐，品质好，适于速冻和罐藏加工。每亩收获鲜豆荚 1 000～1 200 千克左右。

(9) 江户川　辽宁省农业科学院园艺所从日本引进。株高45厘米，长势强，荚长约12厘米，圆棍状，直而整齐，嫩荚绿色，肉嫩，品质好，适合于速冻和罐藏加工。中熟品种，春季播种到采收月55～60天，秋季播种到采收50天左右。每亩采收鲜荚1 000～1 250千克。

(10) 黑梅豆　西安市农家品种。春秋两季栽培。长势强，株高40厘米左右，分枝能力中等，叶片大，深绿色，花紫色，嫩荚绿色，马刀形，长15～18厘米，种子黑色，早熟，品种中等，易老化，再生能力强，春播到早秋仍能继续正常结荚。较丰产，每株结荚30～40个，每亩收获鲜荚1 000千克左右。

(11) 河南肉豆荚　蔓生，中熟种，植株健壮，叶片大，深绿色，花白色，嫩荚绿白色，扁圆棒形，长18～20厘米。夹肉肥厚，纤维少，质柔嫩，耐老，品质好，种子大，肾形，灰褐色条纹。抗热，较耐病，春、秋均可种植。每亩采收鲜豆荚2 000千克。

(12) 丰收1号　又名泰国白粒架豆。早熟种，丰产。蔓生型，长势较强，高3米左右，一般从第6节开始着生第一花序。花白色，每个花序结荚3～4个，嫩荚浅绿色，稍扁，表皮光滑，荚面轻微凸凹。肉厚，纤维少，不易老，种子白色，肾形，较小。耐热性强，春、秋均可栽培。每亩收鲜豆荚2 000千克左右。

(13) 双子豆　又名泰国褐粒架豆。蔓生，早熟，长势强。主蔓3米左右，分枝4～5个，叶色较深，叶柄浅绿，叶面光滑，花白色，嫩荚草绿色，成熟后深绿色。结荚多，质嫩脆，肉厚，品质好。荚扁圆棒形，长20厘米左右，种子长圆形，深褐色。春、秋季均可种植，每亩收鲜豆荚2 000千克。

(14) 春秋95-1架豆　蔓生，株高3米左右，结果早，坐果多。荚长16厘米，横切面椭圆形，直径1.5厘米。种子小，黄褐色，肉嫩，质脆。耐老，品质佳，抗寒，抗热，高产稳产。

春、秋季均可种植。

（15）秋紫豆　晚熟种。蔓生，主蔓第 6 节开始坐果，荚深绿色，带紫晕，长 25 厘米，横径 1.6 厘米，厚 1 厘米，单荚重 16 克以上，无筋，籽粒少。品质好，不耐热，丰产性好。适宜春秋两季种植，每亩收获鲜豆荚 3 000 千克。

（16）碧丰　中国农业科学院蔬菜所选出的高蔓菜豆品种。生长势较强，荚扁条形，长而宽，青豆绿色。单荚重约 18 克，长 22～25 厘米，宽 1.8 厘米左右，厚 1 厘米。适于全国种植。北京地区春季 4 月中旬露地播种，行距 60～70 厘米，株距 26～30 厘米，穴播，每穴 3～4 粒，留苗 2～3 株，每亩收获鲜荚 1 300～1 500 千克。

（17）哈菜豆 8 号　黑龙江农业科学院选育的早熟蔓生新品种。早熟、蔓生，播种到采收 55 天左右。基部分枝多，花白色。基部开始结荚，嫩荚绿色，扁条形。荚长 13 厘米，宽 2 厘米，单荚重 18 克。肉质面，无背缝线和腹缝线纤维。抗炭疽病能力强于紫花油豆。亩产 2 000 千克左右。适于棚室和露地栽培。

（18）丽芸 1 号　浙江省丽水农业科学院 2002 年杂交育成，2009 年 12 月通过浙江省品种认定。中早熟，蔓生，生长势较强，分枝多。平均分枝 4.57 个，节间长 17.3 厘米。三出复叶，叶长 12.6 厘米，叶宽 11.7 厘米，叶柄长 15.85 厘米，小叶长宽分别为 11.1 厘米和 11.2 厘米。主蔓第 5～6 节着生第 1 花序，一般每花序可生 2～9 朵花，花紫红色。每花序结荚 2～6 个，单株结荚 50 个左右；嫩荚扁圆形，荚色浅绿，嫩荚长 17.2 厘米，宽 1.1 厘米，厚 0.9 厘米，单荚重约 10.5 克，嫩荚不易纤维化，质地较糯。荚内种子 4～9 粒，种皮黑色，种子肾形，百粒重 29.7 克。全生育期 115 天左右，播种至始收 56～60 天，采摘期 55～60 天。平均产量 24 995.7 千克/公顷。

（19）连农 923　大连市农业科学院针对保护地生产选育的蔓生菜豆新品种。早熟，冬季温室、春季大棚从播种至始收60～

65 天，育苗则延长 7～10 天。秋季大棚从播种至始收 45～48 天。春季大棚亩产量 3 000 千克以上，加上第二批采收，产量可达 5 000 千克。第一批豆采摘完后，加强管理，半个月就可摘第二批。植株蔓生，早熟，株高 3 米左右，花白色，始花节位低，一般在第 2～4 节开花结荚，商品荚白绿色，扁圆形，中筋，无革质膜，口感良好，适合鲜食用种。荚长 20～22 厘米，种子白色，千粒重 330 克左右。适应性强，最适于冬季温室、春季大棚以及露地栽培。

(20) 穗丰 4 号　广州市农业科学研究所选育的菜豆新品种。优质，丰产，耐贮运。每亩鲜荚产量 1 000～1 500 千克，适宜于春、秋两季栽培。植株蔓生，生长势强，节着生花序，花白色，每花序结荚 4 条，荚淡绿色，长扁形，荚长 20.6 厘米，宽 1.3 厘米，厚 0.7 厘米，单荚重 13.3 克。中熟，春植播种期 1～2 月，播种至初收 70～75 天，秋植播种期 8 月中旬至 10 月中旬，播种至初收 55 天，可连续采收 25 天。耐热、耐寒性强，较抗锈病和疫病。荚型整齐，美观，结荚多，品质好。种子肾形，白色。每亩鲜荚产量 1 500 千克。

(21) 翠玉 2 号　石家庄市农林科学院选育。早熟、优质、抗病、高产，综合性状好，适宜春秋露地或设施栽培。蔓生，生长势较强，分枝 2～3 个。叶绿色，叶柄和茎绿色，花白色。主侧蔓结荚，花枝较长。坐荚节位低，结荚集中。嫩荚圆棍形，白绿色，荚长 20.80 厘米，荚宽 1.32 厘米，荚厚 1.24 厘米。嫩荚表面光滑，荚肉厚，缝线不发达，无革质膜，耐老，口感好，风味佳。种子肾形，灰色有褐色花纹，千粒重 315 克。春季从播种到开花约 40 天，到始收约 58 天，采收期 30 天。早熟性好，前期产量（前 10 天产量）高，占总产量的 46.5%。抗逆较强，适应范围广。一般每亩产嫩荚 1 500 千克。

(22) 连农特长 9 号　植株蔓生，生长势强，豆荚白绿色，扁宽，软荚，长直，荚长 24.4 厘米，荚形指数 1.55，单荚重

23.8 克，商品性好。春季棚栽亩产量 3 300 千克以上，露地栽培亩产量 2 200 千克以上。秋季露地栽培亩产 1 600 千克以上。适合北方地区春秋保护地和露地栽培。2008 年 6 月通过大连市鉴定。

（23）翠龙　辽宁省水土保持所 2006 年登记品种。植株蔓生，根系发达，叶片肥大，植株生长势强。主蔓、侧蔓结荚，分枝力强，一般分枝数 5～6 条。花白色，第一花序着生第 3～4 节上。荚果浅绿色，横切面扁圆形，荚果长 25～33 厘米，顺直，平均单荚重 27 克，色泽均匀，荚果整齐，条直，商品性极佳，荚果含纤维少，肉厚，无革质膜，筋较短，保鲜期长；食味鲜嫩，口感好，风味佳，特别是采收后期，荚果依然能保持良好的食用品质。花期、结荚期较为集中，结荚率高，落花落果少。种子白色，每荚 8～9 粒种子，嫩荚种子凸起小，种子平均百粒重 42.5 克。中熟，春播全生育期 95～100 天，保护地栽培 125 天，从播种到嫩荚开始采收时间 70 天左右。对菜豆炭疽病、锈病均表现出很强的抗性，发病率、病情指数明显低于对照。

（24）特选 2 号　植株蔓生，分枝性强，株高 3 米左右，主茎第一花序着生在第 7～8 节，茎浅绿色，叶片绿色，花冠白色，每花序结荚 3～4 个。鲜荚长扁型，浅绿色，长 18～22 厘米，宽 1.6～1.8 厘米。单荚重 15～18 克，一般有种子 5～7 粒，籽小肉厚，嫩荚缝线不发达，纤维少，脆嫩，商品性好。种子肾形，种皮白色，千粒重 350～400 克。植株生长势旺，再生能力强，属晚熟品种，从播种到嫩荚采收 80 天左右，冬季长季节栽培采收期达 150 天。耐低温弱光能力强，越冬茬日光温室栽培，短时间 6℃气温能维持生长，露地秋茬栽培抗 2℃早霜。高抗枯萎病、根腐病。不仅适应温室越冬栽培，还适应保护地冬春茬栽培和露地晚秋茬栽培。温室越冬栽培亩产可达 5 000～7 500 千克，秋露地栽培亩产 3 000～4 000 千克。

（25）园丰 908　2004 年通过吉林省农作物品种审定委员会

审定。植株蔓生，早熟，从出苗到采收50天左右。生长势强，花白色，嫩荚绿色，无筋，无革质膜，品质好，商品性好，抗病性强，适合速冻储藏。荚长17厘米左右，荚宽2.6厘米左右，单荚重20克左右，每荚有种子5～7粒，单株结实能力强。产量可达30 000千克/公顷。

（26）太空菜豆1号　茎蔓生，长势强，主侧枝同时结荚，主蔓结荚为主，嫩荚绿色，镰刀形，荚长19～22厘米，宽1.4～1.6厘米，厚1.0～1.1厘米，单荚重13～17克，生育期长达130天左右。平均亩产2 000千克左右。经田间抗性调查，抗病毒、锈病，耐低温、弱光能力明显增强。适宜保护地及露地种植，在浙江、上海、成都、甘肃天水等地区布点试验，表现良好。

（27）平丰九粒白　河南平顶山市农业科学研究所选育的菜豆新品种。早熟，适应性强；荚壁肉质，脆嫩可口，品质优。荚长，肉厚，产量高。株高2～2.5米，植株蔓生，生长势强，主蔓结荚为主，叶片绿色，花冠白色，嫩荚直圆棍形，白绿色，单荚长22～24厘米，宽、厚各1.5～2.0厘米，重20～22克，果荚整齐一致，每荚种子数7～9粒。嫩荚纤维少，荚壁肉厚无筋，脆嫩，味甜，品质佳。种子肾形，灰褐色，千粒重625克，早熟，丰产。春播至第一次采收嫩荚需60天左右，整个采收期30天左右，产量集中，亩产量1 500～2 000千克。适宜东北、华北等地春秋季露地栽培和保护地栽培。

（28）2504　植株蔓生，生长势强，分枝较少，株型紧凑。花冠白色，嫩荚绿色、扁条形、较直，荚面种粒稍突，稍有亮泽，单荚重15～19克，荚长18～20厘米，宽约1.6厘米，厚约1厘米，纤维少，味甜，品质好。每荚有种子6～8粒，种子白色，肾形，百粒重35克左右。主茎基部第2～4节即开花结荚，熟性极早，连续结荚性强，嫩荚采收始期比一般蔓生菜豆品种提早4～7天。丰产，亩产嫩荚1 500～2 000千克。耐热性较强，秋延后保护地栽培，植株结荚节位无明显升高。对北京地区锈病小种具较强抗性，在秋冬保护地栽培中，当田间锈病大流行时，只在叶片上产生零星、较小锈孢子堆。适于保护地、露地栽培，保护地中栽培早熟、丰产。

（29）将军油豆　中熟、蔓生品种，从播种到采收65天，生长势强，基部分枝3～5个。种子扁椭圆形，具有红花纹，千粒重535克。平均荚长21厘米，荚宽2.3厘米，单荚重24克，纤维少，肉质面，外观商品性佳，是典型的东北优质油豆角。抗炭疽病、锈病。适应性广，春秋皆可种植，露地、保护地兼用，保护地栽培更佳。

（30）佳绿菜豆　宝鸡市农业科学研究所2002年从日本引进的高产矮生菜豆新品种。荚形美观，早熟，优质。属矮生无支架类型。植株高，叶簇生，侧枝7～8个，叶片浓绿，花冠紫色，结荚集中，荚长17厘米，浓绿色，单荚平均重15克，豆荚圆棒形，纤维少，肉质柔嫩。耐老，商品性佳。平均亩产量2 000千克，货架期33天。抗锈病、白粉病。

（31）常菜豆2号　常德师范学院选育。早熟、优质、高产。该品种为无限生长类型，蔓生，生长势较强。有1～2个分枝，节间长18厘米，叶长13.8厘米，叶宽12.7厘米，叶柄长10.0厘米，总蔓长237厘米。叶绿色，叶柄、茎绿紫色，第4节始花，花紫红色。主侧、蔓结荚，平均每花序结荚3.6个，荚紫红色，长16.2厘米，直径1.2厘米，厚1.2厘米，圆棍形。平均单荚重14.5克，肉厚，耐老熟，口感好，风味佳。单荚种子9粒。种子茶黄色，肾形，千粒重282克。春季从播种到开花约42天，从播种到始收约60天，采收期35天，全生育期约95天。经济性状好，产量高，亩产2 500千克以上，适应性强，耐低温，抗病性较强。适合全国春秋两季露地或设施栽培。

（32）花龙1号　石家庄市蔬菜花卉研究所选育。早熟、高产、优质、适应性广，适宜春秋露地及保护地栽培。植株蔓生，生长势强，分枝性弱，嫩茎绿色，叶片绿色，花冠紫色。嫩荚弯扁条形，浅绿色带紫色条斑，荚长23～27厘米，荚宽1.8～2.0厘米，荚厚0.7～0.9厘米，单荚重17～22克。种子灰绿色或浅褐色，肾形，百粒重27～28克。早熟性好，从播种到始收50～60天。抗病性强，抗病毒病、炭疽病、锈病及细菌性疫病。丰产性好，一般亩产嫩荚2 000～2 500千克。嫩荚革质膜不发达，口感清香，品质好。

(二) 硬荚菜豆

依生长习性，硬荚菜豆可分为矮生和蔓生两个类型。各种类型中都有红花和白花种，白花菜豆品味较佳。

(1) 大白芸豆　又名雪山大豆。四川省和西藏甘孜地区地方品种，主要分布在四川省汉源、石柱、茂汶以及雅鲁藏布江、大渡河、金沙江流域海拔2 000～2 500米的山区。早熟性好，子粒大，产量高。由日本引进的太白花品种，子粒肥大，产量较高，但成熟期稍迟，适于无霜期较长地区栽培。第一对真叶对生，以后发生叶片是三出复叶，互生，呈阔菱状卵形，幼苗茎为淡紫白色，花白色，荚长而实，荚长11.7厘米，宽2厘米，厚1.4厘米，有茸毛，种皮为白色，种子较扁而坚实，风味较佳，较耐旱耐寒。蔓性强，可达4米以上，每公顷产量4 000～8 000千克。晚熟，全生育期约210天，播种至收获约130天，耐寒、耐旱力较强，较抗病毒病、炭疽病和根腐病。3月下旬至4月上旬直播，8月中旬至10月中旬采收熟荚。

(2) 红花菜豆　第一对真叶对生，以后发生叶片为三出复叶，互生，阔菱状卵形。幼苗茎淡紫红色，花猩红色、美观，荚长而宽、有茸毛，种子较大而泡松，种皮较厚，有黑色斑纹。较耐旱、耐寒。蔓性强，可达4米以上，每公顷产量3 750～7 500千克。

(3) 中白芸豆　四川省地方品种。四川盆地四周海拔较高地区均有栽培。植株半蔓生，叶柄和茎浅绿色，小叶卵圆形，绿色，花白色。第一花序着生于5～6节，每序2～3荚，荚长12～15厘米，宽约1.2厘米，厚1.2～1.4厘米，镰刀形，嫩荚重约10克。老熟荚皮浅黄色，每荚种子6～9粒，千粒重520克，种子肾形，白色，豆粒质地细软，风味鲜美，品质好，主食豆粒。早熟种，播种至采收70～80天。4月上中旬播种，7月中旬至10月上旬陆续采收老熟豆荚。耐寒力较强，亩产子粒约200千克。

（4）龙芸豆3号　黑龙江省农业科学院作物育种所1981年育成，1993年审定。幼苗绿色，幼茎紫色，花白色。有限结荚习性。茎直立，秆强，不倒伏，株高45～55厘米。主茎节数5～6个，主茎分枝2～4个，单株荚数10～15个，单株30～40粒。子粒黄色、肾形、大、有光泽，属大粒型品种，百粒重50～52克。出苗至成熟生育日数85～90天，需活动积温1 980～2 100℃，中早熟品种。一般产量2 000千克/公顷。

（5）品芸2号　黑龙江省农业科学院引进品种。幼茎绿色，叶心脏形，白花。株高50～80厘米，半蔓生型。分枝3～5个，单株结荚25～35个，四五粒荚居多，平均每荚4.3粒，成熟荚皮黄白色，底荚高5～8厘米。籽粒卵圆形，种皮白色，有光泽，种脐白色，百粒重20克左右。中早熟品种，生育日数80～85天，需活动积温2 000～2 100℃。宜中等肥水条件种植，适应性强。

（6）粒用型白芸豆　辽宁省农业科学院经济作物研究所2000年选育。直立型，有限结荚习性。株高70厘米左右，茎秆粗壮，半蔓，分枝数5～6个，株型紧凑。叶片较大，叶色浅绿，卵圆形，白色花。结荚集中，平均单株荚数30个左右，荚长10厘米，荚粒数8个左右。子粒白色、有光泽，外观品质好，大小均匀一致，百粒重20克以上。春播生育期85天左右，丰产性好，成熟时荚黄褐色，不炸荚，集中成熟，可一次性收获。抗性强，适应性广，无需搭架，省工省时。

(7) 阿芸1号　新疆维吾尔自治区农业科学院1990年选育，2004年2月通过新疆维吾尔自治区非主要农作物品种登记委员会登记。植株半蔓生，无限结荚习性。幼苗直立，幼茎绿色，成株顶部茎具缠绕特性，叶片绿色中等。株高50～55厘米，底荚高19～23厘米，有效分枝数3～5个，单株荚数15～18个，单株粒数45～55，每荚粒数2.95～3.05，百粒重59～69克。花紫红色，荚直而扁平或略弯曲，绿色荚上有红斑，成熟荚黄白色。籽粒卵圆形、大而饱满，表皮光滑，乳白底上镶嵌红斑，脐白色，有褐色脐环。生育期105～118天，属中早熟品种。

(8) 阿芸2号　新疆维吾尔自治区农业科学院粮食作物研究所选育。植株半蔓生，无限结荚习性。幼苗直立，幼茎绿色，成株顶部茎具缠绕特性，叶片绿色中等。株高60～65厘米，底荚高19～22厘米，有效分枝数3～5，单株荚数14～17，单株粒数42～52，每荚粒数2.95～3.05，百粒重59～69克。花紫红色，荚直而扁平或略弯曲，绿色荚上有红斑，成熟荚黄白色。籽粒卵圆形、大而饱满，表皮光滑，乳白底上镶嵌有红斑，脐白色，有褐色脐环。生育期110～118天，属中早熟品种。

四、菜豆设施栽培技术

(一) 栽培季节与茬次

菜豆设施栽培以春季拱棚早熟栽培为主，亦可进行温室秋冬茬、早春茬和冬春茬栽培（表3-1）。

表3-1　不同茬口菜豆茬口安排

时　期	大棚早春	温室春茬	大棚延后	节能温室秋冬茬
育苗期	3月上中旬	12月上旬	7月直播	7～8月直播
定植期	4月中下旬	2月上旬		
始收期	5月下旬至6月上旬	4～6月	9月上旬	10～12月上市
拉秧	7月下旬至8月上旬		10月	

（二）品种选择

温室和大棚栽培菜豆，宜选择抗病性强、豆荚长、肉厚、品质优、丰产性好的蔓生品种。冬季和早春栽培，还应选择耐弱光、耐低温，开花结荚早，坐荚率高，品质好，抗病性强的品种。

（三）育苗

日光温室栽培菜豆，育苗时间要根据温室前茬作物生长情况而定，采取护根育苗的方法，以提高温室利用率，增加温室经济效益。

菜豆的根系再生能力差，苗龄不宜过长。按正常管理水平，日光温室和拱棚早春栽培的日历苗龄一般 20～25 天；日光温室秋冬栽培，育苗期气温较高，日历苗龄 10～15 天。壮苗的生理指标：株高 10～15 厘米，茎粗 0.5～0.6 厘米，叶片数 3～4 片，植株未拔节。

（四）田间管理

1. 采收前的管理　冬春季定植，为促进定植后迅速缓苗，一般采取密闭棚室不放风，但温度最高不能超过 30℃，一般适温为 20～25℃（图 3-1）。菜豆抽蔓时应及时插架引蔓，也可用聚丙烯塑料绳引蔓。注意引蔓绳上端另设固定铁线，距离棚膜 30 厘米以上（这是棚室栽培菜豆管理上的关键），否则，当菜豆

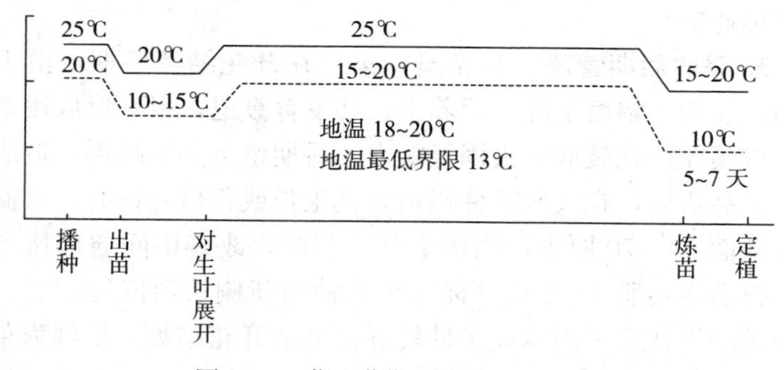

图 3-1　菜豆苗期温度管理示意图

旺盛生长时，枝蔓叶片封住棚顶。防止高温危害，及时开窗放风。有条件的还要调节二氧化碳含量。采收前一般不需要灌水。

2. 开始采收至盛收期的管理 蔓生菜豆定植后40～45天开始采收嫩荚，以后开始灌水、追肥，要求给以大肥、大水。加强肥水管理，冬季和早春低温时期浇水较少，一般10天左右浇一次水，随着温度升高浇水次数增多，一般5～7天浇一水。追肥随浇水进行，隔一水要顺水追一次肥，每次追施尿素15～50千克，也可追施大粪水1 000～1 250千克。及时采收嫩荚，收早了影响产量，收晚了不但品质下降，更影响植株生长，容易衰老而导致减产。一般每隔1～2天采收一次，采收期可达40～50天。

花荚期管理应“干花湿荚”，即：初花期以控水为主，此时如供水多，植株营养生长过旺，消耗养分多，致使花蕾得不到足够的营养而发育不全或不开花。水分管理应看天、看墒情、看苗情，若土壤和空气过于干燥，临开花前浇一次小水，以供开花所需；若墒情良好，应一直蹲苗到幼荚3～4厘米时灌头水。坐荚后，植株逐渐进入旺盛生长期，既长茎叶，又陆续开花结果，需要大量水分和养分，此时以促为主，结荚初期7天浇一水，以后逐渐加大浇水量，使土壤水分稳定在田间最大持水量的60%～70%。进入高温季节，采用轻浇勤浇，早晚浇、爪清水等办法降低地表温度，恢复土壤通气，使根系活动正常，保证枝叶和荚果同时迅速生长。

3. 采收后期管理 日光温室菜豆在开花结荚后期，由于植株同化能力大幅度下降，营养生长和发育衰退，根瘤形成逐渐减少，或萎缩、残破而失去固氮能力，后期嫩荚多呈畸形，造成产量低、品质差，在气候条件仍适合其生长或茬口允许时，可摘除靠近地面40～70厘米以内的老叶、黄叶，改善田间通风透光条件，再灌水追肥1～2次，促使植株抽出新侧枝而恢复生长；主蔓顶端的潜伏芽可因营养条件转好而继续开花结荚，被称为菜豆的再生栽培，还可以延长收获期半个月以上，增加温室总产量。

（五）大棚菜豆春茬栽培

1. 培育壮苗　菜豆根系较深，但生长弱，断根后不易长出新根。宜采用育苗移栽方式。

日历苗龄：矮生25天，蔓生30～35天。

生理苗龄：矮生3～4片真叶，蔓生5～6片真叶。

床土配制：腐熟有机质30%，大田土40%，炉渣或河沙30%，磷酸二铵2千克/米^3，混匀过筛，浇透底水，每个育苗钵内直播2～3粒种子（不需浸种催芽）。

苗期管理：播种后地温15～20℃，气温20～25℃，2～3天左右可出苗，1周之后子叶开始展开，降低温度，防止徒长，白天20℃左右，夜10～15℃，当第一对基生叶充分展开，第一真叶（三出复叶）出现后，为了促进根、茎、叶生长和花芽分化，应适当提高温度，白天25℃，夜15～20℃，定植前一周锻炼，白天15～20℃，夜晚5～12℃，不再浇水。

2. 适时定植　10厘米土温稳定通过10℃以上、最低气温稳定通过5℃以上时定植。棚内亩施有机肥4 000千克，垄作50厘米，穴距20厘米，穴保苗2～3株。定植后浇透底水，水渗后封埯。

3. 定植后的管理

（1）温湿度管理　定植后，为了加快缓苗和防止冻害，应进行多层覆盖。缓苗前不通风，白天30～35℃，夜晚15℃左右，一周左右缓苗，降温，白天28～30℃，夜晚13～15℃，爬蔓后进入开花期，应在白天逐渐加大通风量，白天22～25℃，有利坐果，防止落花，菜豆花粉发芽的适宜温度为20～25℃，空气相对湿度保持70%～75%，当外界夜间最低气温达到13℃以上时，要昼夜通风，以降低棚内湿度，促进开花、结荚。为了提高地温，最好进行地膜覆盖，如没有用地膜覆盖，应经常松土，有利保墒，促进根系生长，松土深度注意不要伤根，结合松土适当进行培土以利根茎部发生侧根，定植后开花前6～7天中耕一次，不浇水施肥。

（2）搭架、摘心　无限型蔓生品种爬蔓后应及时搭架，茎蔓伸出 30 厘米应搭架，双行密植的可搭成人字架，单行密植的可搭成立架，有利于通风透光和提高坐荚率。通风不良，光照强度过弱会导致大量落花，当秧蔓接近棚顶时进行摘心，防止秧蔓互相缠绕影响透光。

（3）保花保荚，提高坐荚率　开花期为提高坐荚率，除要注意温湿度管理之外，还要防止空气干燥和土壤干旱，开花期用 5～25 毫克/升 α-萘乙酸或 2 毫克/升防落素处理，均可显著提高坐荚率。

（4）肥水管理　定植缓苗后，到开花结荚前要严格控制浇水，防止秧蔓徒长造成大量落花落荚，这期间主要是中耕松土和培土。爬蔓后，进入开花结荚期，结合搭架进行追肥，每隔 7～10 天亩追施磷酸二铵 20 千克，连续 3～4 次。另外，可施 0.01%～0.03%钼酸铵和硼、锌等微肥进行根外追肥，对菜豆的早熟性和前期产量都有提高。在水分管理上掌握“浇荚不浇花”。

（5）及时采收　矮生菜豆定植后 25～30 天即可采收，无限型品种 40 天左右。大棚蔓生品种早春定植可越夏生长，一直到 9 月中下旬，亩产量可达 4 000 千克。根据市场需求及效益情况确定拉秧时间。

（六）长江中下游地区菜豆早春设施栽培

长江中下游地区菜豆早春栽培的主要矛盾是全苗和低温的矛盾，解决的措施是地膜覆盖和小棚种植。地膜覆盖可用于直立型品种和蔓生型品种，小棚栽培仅适用于直立型品种。

地膜覆盖有两种方法，一是将地膜平铺在经过精细整理的地面上，然后在地膜上面打洞播种或者移栽；另一种是先播种，再覆盖地膜，在菜豆全苗时，在有豆苗的地方，撕一个口子，让豆苗钻出来，继续生长。

1. 育苗 早春大棚早熟栽培四季豆采用育苗移栽，播期 2 月上旬至 3 月上旬。播前种子用托布津 500～1 000 倍液浸种 15 分钟，能有效预防苗期灰霉病；用 1%福尔马林浸种 20 分钟，可有效预防炭疽病。浸种后用清水冲洗，晾干播种，一般在大棚内温床或营养钵育苗，要注意加强覆盖保温和定植前通风降温炼苗。

2. 田间管理 定植前 7 天，每个标准大棚沟施或全层施充分腐熟堆肥或厩肥 500～700 千克、草木灰 30～50 千克、过磷酸钙 8～10 千克、复合肥 8～10 千克，筑深沟高畦成龟背形，畦宽（连沟）1.3～1.5 米，覆盖地膜，待用。蔓生菜豆每畦种 2 行，穴距 20 厘米，每穴 3 株，每个标准棚 1 200 穴左右。定植后成活前，棚温白天保持 25～30℃，夜间 15℃以上，密闭不通风，以提高地温，促进缓苗。缓苗后，棚温白天保持 22～25℃，夜间不低于 15℃。进入开花期后，白天棚温以 20～25℃为宜，夜不低于 15℃。在确保上述温度条件下，可尽量昼夜通风，以利开花结荚。定植后要及时查苗补苗，水分管理总的原则是浇荚不浇花，即前期控制浇水，结荚后可每隔 5～7 天浇水一次。追肥的原则是花前少施，花后多施，结荚期重施，蔓生种在蔓长10～15 厘米时及时搭架引蔓。

3. 病虫害防治 四季豆主要病害有炭疽病、锈病和细菌性疫病。炭疽病可用 50%多菌灵 500 倍液或 70%甲基托布津、25%百菌清 800 倍液防治；锈病可用 15%三唑 1 000 倍液防治；四季豆细菌性疫病（俗称叶烧病、火烧病）可用 50%福美双拌种预防，发病后可用新植霉素防治。

虫害主要有蚜虫和豆野螟。蚜虫可用 10%一遍净 2 000 倍液防治，豆野螟需从四季豆现蕾开花防治，掌握喷花不喷荚，喷落地花的原则，即从蕾期开始每隔 10 天喷一次，喷药时重点是开花部位，兼喷落地花，以消灭虫源。药剂可用 1.8%虫螨光 4 500～6 000 倍液或 5%抑太保 3 000 倍液喷雾防治。

（七）大棚菜豆秋茬栽培

目前大棚菜豆秋延后栽培比春提早栽培普遍，原因是春夏大棚提早栽培的瓜类、茄果类远比菜豆多得多，且秋大棚的菜豆比黄瓜、番茄容易栽培，加之菜豆又是春大棚瓜类、茄果类适宜的前作，所以大棚秋菜豆对解决秋淡季起了很大的作用。

1. 播种或育苗 大棚菜豆秋延后栽培所用的品种与春提早相同，但一般不用矮生种而多用蔓生种。秋延后菜豆栽培可直播也可以育苗。主要根据前茬作物的拉秧迟早而定。若前茬作物拉秧早，可以直播；拉秧迟，就需育苗。也可在前茬黄瓜架下就地直播，不用拔架，但须将黄瓜植株拔净，就地点播干种子。从6月下旬至8月上旬均可直播。

如果前茬作物到7月下旬或8月中旬才拉秧，就必须育苗。育苗的场所可在温室或大棚内，也可在露地搭荫棚。可用一般床土直播，也可用营养土方或纸方育苗。秋延后菜豆的苗期较短，一般20～25天的幼苗就能达到定植时的要求。苗期的管理除在播种时灌足底水和施足底肥，一般不再灌水施肥，要特别注意大通风。温度不能高于35℃，否则应适当遮阴降低温度。在露地育苗时必须注意防雨，以免淋伤枝叶或因水分过多而徒长。

若遇到下雨时，雨后必须锄地，以减轻雨水的危害。

2. 定植 前作物拉秧后，立即拔除植株，将土壤深翻，最低要晒3～5天才能施基肥，每亩施2 500～4 000千克堆肥或厩肥，混合均匀后浅翻入土壤，整地作畦（起垄），畦宽1～1.2米（50～60垄），开沟顺水定植，株距比春提早稍密，以15～20厘米为宜。定植后2～3天内，浇缓苗水，以后即锄地蹲苗。

3. 管理 秋季大棚菜豆延后栽培，由于气温偏高，秧苗生长极快，在开花以前，要尽量控制水分，以免徒长，最好是勤中耕，每7～10天中耕培土1次，促进根秧生长。到显花蕾时，随水追施粪稀。施后即搭支架，并作最后一次锄地培土。

在幼荚伸长开始肥大时起，每隔7～10天灌水一次，每2次水施一次粪稀或化肥，直到 9 月中旬以后，灌水宜少，并停止施肥。

9 月中旬以后，应将大棚四周压严，每天只通顶风，夜晚闭严。以后随着气候的变化，逐渐减少通风至不通风，并在降温时立即进行防寒。如果温度过低可临时加温，尽量使生长期延长到 10 月中旬。外界温度达到 5℃时拉秧。

4. 收获　早栽的 9 月上旬即可开始收获，9 月中旬到 10 月中旬为盛收期，10 月上旬以后，生长缓慢，收量减少。每亩架豆能收 1 500～2 500 千克。

（八）日光温室越冬菜豆无公害栽培

1. 品种选择　菜豆日光温室栽培，宜选择分枝少、小叶型的早熟、中熟蔓生品种。常用的品种有绿龙、丰收 1 号、双丰架豆王、特嫩 1 号、新秀 2 号、超长四季豆等。

2. 种子处理　播种前，要选择籽粒饱满、纯正的新种子。为防止病虫害发生，促进秧苗健壮，应进行药剂处理。用 0.1% 福尔马林药液或 50%代森锌 200 倍液浸种 20 分钟，清水冲洗干净后播种，可防止炭疽病发生；用 50%多菌灵可湿性粉剂 5 克拌种 1 千克，可防止枯萎病发生；用 0.08%～0.1%的钼酸铵液浸种，可使秧苗健壮，根瘤菌增多。用钼酸铵溶液浸种，应先将钼酸铵用少量热水溶解，再用冷水稀释到所需浓度，然后将种子放入浸泡 1 小时，用清水冲洗后播种。

3. 整地施肥　前茬收获后要及时清除残株枯叶，浇一次透水。晒地 2～3 天，每亩施腐熟有机肥 300～400 千克、过磷酸钙 50 千克，深翻 25～30 厘米，晒地 5～7 天，耙平作成平畦、高畦或中间稍洼的小畦，畦宽 1～1.2 米。

4. 播种　每畦内播 2 行，行距 50～60 厘米。按穴距 25～30 厘米开穴，穴深 3～4 厘米，穴内浇足水，水渗下后每穴播 3～4 粒种子，覆土 2 厘米左右。切不可把种子播在水中或覆土过深，以防烂种。有条件时，播前可覆地膜，并按穴距用铲刀在地膜上切成十字，开穴播种，播种后将十字形地膜口恢复原位，并压少许细土。幼苗出土后及时将出苗孔周围的地膜封严，防止膜下蒸汽蒸伤幼苗。

5. 田间管理

（1）补苗　菜豆子叶展开后，要及时查苗补苗。保证菜豆苗齐是提高产量的关键措施之一。

（2）浇水　底墒充足时，从播种出苗到第一花序嫩荚坐住，要进行多次中耕松土，促进根系、叶片健壮生长，防止幼苗徒长。如遇干旱，可在抽蔓前浇一次水，浇水后及时中耕松土。第一花序嫩荚坐住后开始浇水，以后保证有较充足的水分供应。浇水应注意避开盛花期，防止造成大量落花落荚，引起减产，扣膜前后外界气温高时，应在早、晚浇水；扣膜后外界气温较低，应选择晴天中午前浇水，浇水后及时通风，排出湿气，防止夜间室内结露引发病害。寒冬为了防止浇水降低地温，应尽量少浇水，只要土壤湿润就不浇水。一般在11月份浇水1～2次，2月份后气温开始升高时，可逐渐增加浇水次数。

（3）追肥　每花序嫩荚坐住后，结合浇水每亩追施硫酸铵15～20千克或尿素3千克，配施磷酸二氢钾1千克，或施入稀人粪尿1 000千克。以后根据植株生长情况结合病虫用药时进行。叶面肥可选用0.2%尿素、0.3%磷酸二氢钾、0.08%钼酸铵、高效利植素等，均可起到提高坐荚率、增加产量、改善品质的作用。

（4）控制徒长　幼苗3～4片真叶期，叶面喷施15毫克/千克多效唑可湿性粉剂液，可有效防止或控制植株徒长，提高单株结荚率20%左右。扣棚后如有徒长现象，可再喷一次同样浓度的多效唑。开花期叶面喷施10～25毫克/千克萘乙酸，可防止落花落荚。

（5）吊蔓　植株开始抽蔓时，要用尼龙绳吊蔓，植株长到近棚顶时，可进行落蔓、盘蔓，延长采收期，提高产量。落蔓前应将下部老叶摘除并带出棚外，然后将摘除老叶的茎蔓部分连同吊蔓绳一起盘于根部周围，使整个棚内的植株生长点均匀分布在一个南低北高的倾面上。

（6）温度管理　日光温室一般在10月上旬扣塑料薄膜，扣膜后7～10天内昼夜通风。随着外界温度降低，应逐渐减少通风量和通风时间，但夜间仍应有一定的通风量，以降低棚温度和湿度。在外界最低气温降到13℃时，夜间要关闭通风口。夜间最低气温低于10℃时关闭风口，只在白天温度高时通风。11月下旬以后，夜间膜上要盖草苫，防止受冻，延长采收期。扣膜后温度管理的原则是：出苗后白天温度控制在18～20℃，25℃以上及时通风；夜间控制在13～15℃；开花结荚期，白天温度保持在18～25℃，夜间15℃左右。温度高于28℃，低于13℃时都会引起落花落荚。

6. 采收　越冬栽培中，应尽量集中在元旦前和春节前这两个时间采收，但也应注意适时采收，切忌收获过晚，豆荚老化，降低产品质量。

（九）日光温室菜豆高秧低产的原因分析及解决措施

近年来，随着设施蔬菜的发展，菜豆由露地栽培引向温室越冬栽培。但由于菜农对菜豆生长的环境条件了解不足，在栽培中出现高秧不高产的现象，甚至亩产量仅250～500千克，仅是标准产量的10%。造成低产的原因及解决的措施如下：

1. 影响菜豆产量的原因

（1）温度不适　菜豆性喜温暖，栽培适温为20～25℃，10℃以下生长受阻；15℃以下低温易产生不完全花，30℃以上的高温、干旱，易产生落花落荚现象；昼夜高温，植株徒长，几乎不能开花结果。

（2）光照不足　光照不足不仅植株有徒长的趋势，同时分枝数、叶片数、主侧枝节数都会减少，菜豆要求较高的光照强度，生长期内光照充足，能增加花芽分化数。

（3）水分过大　菜豆喜湿润，不耐渍，植株生长适宜的土壤湿度为田间最大持水量的60％～70％，空气相对湿度以55％～65％为宜。空气湿度大，作物光照不足，易徒长，感病，也引起落花落荚。

（4）施肥不及时，缺乏磷钾肥　菜豆对土壤营养要求不严，但在根瘤菌还未发挥固氮作用以前的幼苗期，应适当施用氮肥，此时若施肥不及时，会影响植株生长；结荚后应适当补充磷钾肥，否则会影响植株发育，降低产量和品质。

（5）气体的影响　土壤板结，透气性差，影响根系的发育和根瘤的形成；二氧化碳不足，影响光合产物的形成。

2. 解决菜豆高秧低产的措施

（1）通过栽培措施满足菜豆不同生育期时对温度的要求　采用高畦、地膜覆盖栽种，畦高15厘米，畦面龟脊状，铺设地膜，提高地温，利于根瘤菌良好生长和根系发育。幼苗期采取多层覆盖，使棚温保持18～20℃，开花结荚期保持18～25℃，以后随着外界温度提高，应加强通风降温，使室内温度不高于30℃。

（2）保证足够的光照条件　①合理稀植，行距80厘米，株距20厘米，交错点播在高垄上，改善光照条件。②清洁无滴膜，用新的聚氯乙烯无滴膜，并及时清扫膜上灰尘，增加透光率。每天尽量早揭晚盖草苫，延长光照时间。③及时摘除老、黄叶片，改善通风透光条件。

（3）降低棚内湿度　①铺设地膜，膜下浇水，将空气相对湿度控制在55％～65％，可有效防止病害发生，且秧苗生长健壮。②严把浇水关，菜豆在开花结荚前的营养生长期对水分反应很敏感，第一花序开花期一般不浇水，防止枝叶徒长，造成落花。尤其蔓生种过早灌水，会造成根系浅，茎叶生长旺盛，花序发育不良，易形成大量落花，故开花结荚前不浇水。豆荚开始膨大，伸长时，应结束蹲苗期，需要供给充足的肥水，但土壤不可积水，也不能干旱，否则均会造成落花落荚。我国农谚有“浇荚不浇花，干花湿荚”经验。具体应把握以下几点：苗期保持土壤湿润，见干见湿；初花期适当控水；结荚期在不积水的情况下勤浇水，每次采摘后都要重浇水（膜下浇水）。

（4）适时追肥　①播种后12～15天应及早追施氮肥，坐荚后第二次追肥，每亩追施尿素20千克、钾肥10千克或50%人畜粪尿2 500～5 000千克。一般蔓生种较矮生种需肥量要大。②每采收1～2次追肥一次，最好化肥与人粪尿交替施用。

（5）调节温室内气体条件　注意排水降涝，改善土壤中氧气状况；在保证适宜温度、水分等条件下，通风换气，增加棚内二氧化碳含量或施二氧化碳肥。

五、菜豆常见病虫害及其防治

1. 菜豆炭疽病　幼苗发病，子叶上出现红褐色近圆形病斑，凹陷成溃疡状。幼茎上生锈色小斑点，后扩大成短条锈斑，常使幼苗折倒枯死。成株发病，叶片上病斑多沿叶脉发生，成黑褐色多角形小斑点，扩大至全叶后，叶片萎蔫。茎上病斑红褐色，稍凹陷，呈圆形或椭圆形，外缘有黑色轮纹，龟裂。潮湿时病斑上产生浅红色黏状物。果荚染病，上生褐色小点，可扩大至直径1厘米的大圆形病斑，中心黑褐色，边缘淡褐色至粉红色，稍凹陷，易腐烂。

菜豆炭疽病由半知菌亚门刺盘孢属真菌侵染所致。病菌以菌丝体在种皮下或随病残体在土壤中越冬。条件适宜时借风雨、昆虫传播。病菌发育最适宜温度17℃，空气相对湿度100%。温度低于13℃、高于27℃，相对湿度在90%以下时，病菌生育受抑制，病势停止发展。因此，温室内有露或雾大时，易发此病。此外，栽植密度过大、地势低洼、排水不良的地块，易发病。

如果已经开始发病，可用80%炭疽福美600倍液或50%多菌灵500倍液、70%甲基托布津800倍液、96%天达恶霉灵3 000倍液、绿乳铜800倍液、铜高尚600倍液、特立克600～

800倍液，交替喷洒，每5～7天一次；每间隔10～15天掺入600～1 000倍瓜茄果专用型抗病增产剂“天达2116”，连续喷洒2～3次。

菜豆炭疽病应实行综合防治：

（1）实行2～3年轮作、深翻改土，结合深翻，土壤喷施“免深耕”调理剂，增施有机肥料、磷钾肥和微肥，适量施用氮肥，改善土壤结构，提高保肥保水性能，促进根系发达，植株健壮。

（2）选用抗病品种，播种时以50%四氯苯醌可湿性粉剂或50%多菌灵可湿性粉剂拌种，进行种子消毒（药量为种子量的0.2%），加强苗床管理，培育无菌壮苗。定植前7天和当天，分别喷洒2次杀菌剂，做到净苗入室，减少病害发生。

（3）栽植前实行火烧土壤、高温焖室，铲除室内残留病菌。栽植以后严格实行封闭型管理，防止外来病菌侵入和互相传播病害。

（4）结合根外追肥和防治其他病虫害，每10～15天喷施一次600～1 000倍“天达2116”，（或5 000倍康凯、5 000倍芸苔素内酯）连续喷洒4～6次，提高菜豆植株自身的适应性和抗逆性，提高光合效率，促进植株健壮，减少发病。

（5）增施二氧化碳气肥，搞好肥水管理，调控好植株营养生长与生殖生长的关系，促进植株长势健壮，提高营养水平，增强抗病能力。

（6）全面覆盖地膜，加强通气，调节温室的温度和空气相对湿度，使温度白天维持在23～27℃，夜晚维持在14～18℃，空气相对湿度控制在70%以下，以利于菜豆正常生长发育，不利于病害侵染发展。

2. 灰霉病 主要危害菜豆叶片、茎、花和幼果等。幼苗多在接近地面的茎、叶上被侵染，在现蕾前主要危害叶片，进入花期危害花器，结果后危害果实，果实采收后如果不及时拉秧，病害会继续在叶片和茎蔓上扩展。灰霉病病斑上生有大量灰褐色霉菌，只要空气流动，病菌就可以大量随风传播，进行再次侵染。

（1）叶片染病，多从叶尖开始，病斑呈V形向内扩展，初呈水渍状，浅褐色，有不明显的深浅相间轮纹，病斑近圆形，很容易破裂，潮湿时病斑上生有淡灰色稀疏的霉层，并不断扩大，以至全叶枯死。

（2）茎染病，产生水渍状小点，后迅速扩展成长椭圆形，潮湿时表面生灰褐色霉层，因其木质化较快，一般不引起茎折断，仅是表皮腐烂，干燥时外皮开裂呈纤维状。

（3）花器被害，一般从初花期即有发生，花瓣及萼片处变软、萎缩腐烂，表面生霉，严重时整花死亡。

（4）幼果染病，果实多从果柄处或开败的花冠处向果面扩展，致病果皮呈灰白色、软腐，病部长出大量灰绿色霉层，严重时果实脱落，失水后僵化。

发生规律：菜豆灰霉病初次侵染多来自土壤，属土传性病害。灰霉病病菌主要以病残体中的菌核、菌丝、分生孢子越夏或越冬，借助于气流、雨水或露水传播。此外，一些农事操作，如浇水、绑蔓、采收甚至在田间穿行，都可以人为携带，将其传播开来。灰霉病的流行还与环境条件关系密切。病菌发育最适宜温度为18～25℃，最低4℃，最高32℃，低于8℃、高于30℃很难发病。灰霉病对空气湿度要求高，只有在连续湿度达90%以上时才易发病。节能日光温室等设施栽培，因室内空气湿度高，才使其成为发生普遍、危害严重的主要病害。灰霉病菌孢子的萌发须有一定的营养，因此一般病菌的侵染都是从寄主死亡或衰弱的部位开始，如菜豆下部的叶片、开败的花瓣、受过粉的柱头，都是灰霉病较易侵染的部位。此外，一些较大的伤口，如采摘时形成的伤口，都可成为菜豆灰霉病的侵染点。

防治方法：防治菜豆灰霉病，必须实行“预防为主，综合防治”的植保方针，搞好生态、农业、化学等综合防治措施。菜农应结合自身情况，因地制宜做好以下几项工作：

（1）利用温室封闭性能好的特点，在作物换茬时，采取高温闷棚措施，杀死室内土壤中残留的灰霉病病菌，净化土壤，力争室内无菌。

（2）增施有机肥料、磷钾肥料，调整好植株营养生长与生殖生长的关系，维持植株健壮长势，提高抗病性。施用的有机肥料应充分腐熟，严防带菌肥料进入温室。

（3）选用高抗多抗品种，严格进行种子消毒，有条件的温室应与非豆科作物进行3年以上轮作，恶化病菌的生态条件，减少侵染。

（4）培育壮苗，育苗要选用无菌基质配制营养土，并用3 000倍96%天达恶霉灵药液喷洒营养土，彻底杀灭土内残存病菌。子叶展开时应降低温度以防幼苗徒长，定植前要进行低温炼苗。此外，还要注意促进营养体的生长发育，提高光合效率，增根壮秧，增强植株的抗病性和适应性能，使之减少发病或不发病。

（5）采取温度调节防治。利用设施封闭的特点，创造一个高温、低湿的生态环境，控制灰霉病的发生与发展。上午揭开草帘后放前风口5～8分钟通风排湿，以降低棚内湿度。9时后室内温度上升加速时，关闭通风口，使室内温度快速提升到33～34℃，并要尽力维持在30～34℃，以高温降低室内空气湿度和控制该病发生，下午维持18～22℃。16时后逐渐加大通风口，加速排湿；覆盖草苫前，只要室温不低于16℃要尽量加大风口，若温度低于16℃，须及时关闭风口保温。

（6）结合根外追肥和防病用药，掺加600倍抗病增产剂天达-2116壮苗专用型喷洒植株，每半月1次。连续喷洒4～5次，使植株生长健壮，提高抵抗力，减少灰霉病发生。

（7）及时清除病原，操作时要携带塑料袋，发现病果、病花、病叶时，立即用塑料袋套上后再摘除，并封闭袋口，带出室外深埋，严防病菌随风传播。严禁随地乱扔带菌植物残体，以防止病菌扩散。

（8）危害菜豆的害虫会使植株叶片减少，降低光合作用，减弱抵抗力，可用宁农或卡死克、抑太保1 000倍液防治。

（9）使用符合无公害生产要求的农药，可用50%速克灵1 000倍液或50%嘧霉胺800倍液喷雾，每隔7～10天用药1次，也可用50%速克灵或50%扑海因800倍液进行防治，药剂要交替使用。在阴天或浇水后用10%百菌清烟剂或25%腐霉利烟剂熏棚。

（10）设施内的人事活动是主要传播媒介，应尽量减少人事操作活动和在田间穿行的次数，减少传播概率，防止病害蔓延。

3. 菜豆锈病 主要危害叶片，严重时也可危害茎和荚果。叶片染病，叶面初现边缘不清楚的褪绿小黄斑，后中央稍突起，成黄白色小疱斑，此为病菌未发育成熟的夏孢子堆。其后，随着病菌的发育，疱斑明显隆起，颜色逐渐变深，终致表皮破裂，散出近锈色粉状物（夏孢子团），严重时锈粉覆满叶面。在植株生长后期，在夏孢子堆及其四周出现黑色冬孢子堆，散出黑色粉状物（冬孢子团）。

菜豆锈病由担子菌亚门锈菌目的菜豆单胞锈菌侵染引起。在北方寒冷地区，病菌表现为典型的全孢型单主寄生菌；但在南方温暖地区，特别是华南热带、亚热带地区，病菌只见夏孢子和冬孢子，主要以夏孢子越季，并作为初侵与再侵接种体，随气流传播，从表皮气孔侵入致病，完成病害周年循环。前茬发病株上的夏孢子成为下茬植株锈病的初次侵染接种体。在植株生长后期，病菌可形成冬孢子堆，但冬孢子在病害侵染中所起的作用并不重要。在广州地区，菜豆锈病春植远比秋植严重。本病菌是专性寄生菌，寄生专化性强，可分化成许多形态相同而致病力不同的生理小种。种和品种间抗病性有差异。一般菜豆比豇豆、小豆较感病；在菜豆中，矮生种比蔓生种较抗病；在蔓生种中，“细花”比“中花”和“大花”较抗病。在近年国内推介的30多个菜豆品种中，对锈病表现抗耐病的品种有：碧丰（蔓生，较早熟）、江户川矮生菜豆（较强）、意大利矮生玉豆（极早熟，1990年至今未发现病虫危害）、甘芸1号（蔓生，中早熟）、甘芸12号（蔓生，中早熟）、大扁角菜豆（蔓生，中熟）、83-8菜豆（蔓生，早熟，兼抗病毒和炭疽病）、矮早18号（早熟，兼抗炭疽病）、新秀2号和春丰4号（蔓生，早熟）等。

防治方法：

（1）选育和选用抗病高产良种，常年重病地区尤为重要。

（2）必要时调整春秋植面积比例，以减轻危害。在南方一些地区如广州地区，菜豆锈病春植病情远重于秋植，在无理想抗病品种或理想防治药剂而病害严重危害的地方，可因地制宜地调整春秋植面积比例，或适当调整播植期，以避病。

（3）清洁田园，加强肥水管理，适当密植，棚室栽培尤应注意通风降温。

（4）按无病早防、有病早治的要求，及早喷药预防控病，可选用25%粉锈宁（三唑酮）可湿粉2 000倍液或20%三唑酮硫黄悬浮剂1 000倍液、75%百菌清+70%代森锰锌（1∶1）800～1 000倍液、40%多硫悬浮剂400倍液、40%三唑酮多菌灵可湿粉1 000倍液，隔7～10天一次，共3～4次，交替喷施，喷匀喷足。

4. 菜豆白粉病　本病由真菌蓼白粉菌侵染引起。病菌寄主范围很广，包括13科60余种植物，是专性寄生菌，有生理分化现象，植株生长期间以其无性态阶段侵染危害，产生分生孢子侵染。田间识别本病主要危害叶片，产生白粉状斑（病菌分生孢子、分生孢子梗及菌丝体），覆盖在叶面上，危害严重时，在叶上形成一层白粉。发病后期，病叶逐渐枯萎、脱落。

发病原因：在寒冷地区，病菌以闭囊壳随病残体留在地上越冬，第二年春天，闭囊壳产生子囊及子囊孢子，借气流传播侵染危害。随后在被害部分产生白粉状斑；病菌分生孢子借气流传播进行再侵染。荫蔽、昼暖夜凉和多露潮湿条件，有利本病发生，但在干旱的环境下，植株生长不良，抗病力弱，有时发病更为严重。

防治要点：用25%粉锈宁可湿性粉剂2 000倍液或45%达科宁可湿性粉剂800～1 000倍液、47%加瑞农可湿性粉剂800倍液、70%甲基托布津可湿性粉剂1 000倍液、50%硫黄悬浮液200～300倍液等，每7～10天喷药一次，共2～3次。

5. 菜豆细菌性疫病　细菌性疫病又称火烧病、叶烧病，是四季豆的常见病害，除危害四季豆外，也可浸染豇豆等。地上部分叶、茎蔓和豆荚均可发病，以叶部为主。被害叶片、叶尖和叶缘初呈暗绿色油渍状小斑点，像开水烫状，后扩大呈不规则灰褐色斑块，薄纸状，半透明。干燥时易脆破，病斑周围有黄绿色晕圈，严重时病斑相连似火烧状，全叶枯死，但不脱落。潮湿时腐烂变黑，病斑上分泌出黄色菌脓，嫩叶扭曲畸形。茎上病斑呈条状红褐色溃疡，中央略凹陷，绕茎一周后，上部茎、叶萎蔫枯死。豆荚上病斑多不规则、红褐色，严重时豆荚萎缩。

病菌主要在种子内潜伏越冬，也可随病残体在田间土壤中越冬，是初侵染的来源，在田间借风雨、昆虫及农事活动传播。病菌发育适温30℃，相对湿度85%以上，高温、高湿是发病的重要条件。保护地通风不良、温度高、湿度大，易发病；露地春夏季多雨、多雾、多露，发病重。重茬种植、肥力不足、管理粗放，病害也较重。

防治方法：

（1）用50℃温水浸种15分钟后播种，也可用种子重量0.3%的58%甲霜灵锰锌或50%敌克松拌种。

（2）与葱蒜类蔬菜轮作，拉秧时清除病株残体；保护地实行高畦定植，地膜覆盖，加强通风，避免高温高湿环境，增施腐熟有机肥，促进植株健壮生长，提高抗病性。

（3）发病初期可选用50%加瑞农或70%可杀得、75%百菌清、30%DT杀菌剂400倍液、农用链霉素200毫克/千克、新植霉素200毫克/千克，喷雾，每隔7天喷一次，连喷3～4次。

6. 菜豆菌核病 本病多危害近地面的茎基部和蔓。初呈水渍状，后变灰白色，皮层腐烂，仅残存纤维。高湿时，病茎生白色棉絮状菌丝及黑色鼠粪状菌核，病茎上端枝叶枯死。

病菌寄主范围广，除危害十字花科蔬菜外，还侵染番茄、辣椒、茄子、马铃薯、莴苣、胡萝卜、黄瓜、洋葱等共19个科71种植物。病菌主要以菌核在土中或混杂在种子中越冬和越夏。萌发时，产生子囊盘及子囊孢子。在华中地区，菌核萌发一年发生2次，第一次在2～4月，第二次在11～12月。萌发时，产生具有柄的子囊盘，子囊盘初为乳白色小芽，随后逐渐展开呈盘状，颜色由淡褐色变为暗褐色。子囊盘表面为子实层，由子囊和杂生其间的侧丝组成。每个子囊内含有8个子囊孢子。子囊孢子成熟后，从子囊顶端逸出，借气流传播，先侵染衰老叶片和残留在花器上或落在叶片上的花瓣后，再进一步侵染健壮的叶片和茎。病部产生白色菌丝体，通过接触，进行再侵染。发病后期在菌丝部位形成菌核。病菌菌丝生长发育和菌核形成，温度为0～30℃，20℃为最适。菌核没有休眠期，在干燥土壤中可存活3年，但不耐潮湿，一年后即丧失其生活力，温度在5～20℃和较高的土壤湿度的状况下菌核即可萌发，其中以15℃左右为最适。子囊孢子0～35℃均可萌发，适温5～10℃，经48小时孢子萌发率可达90%以上。温度20℃左右、相对湿度在85%以上的环境条件下发病严重，湿度70%以下发病轻。早春和晚秋多雨，易引起病害流行。

防治方法：发病严重的地块进行深翻，将菌核深埋土中，子囊盘不能出土，减少病菌初侵染来源。合理施肥，提高植株抗病力。药剂防治可用50%托布津可湿性粉剂500倍液或70%甲基托布津可湿性粉剂1 000～2 000倍液、50%速克灵可湿性粉剂2 000倍液、40%菌核净可湿性粉剂1 000～1 500倍液、30%菌核利可湿性粉剂1 000倍液，每隔10天喷药一次，共2～3次。

7. 菜豆枯萎病 北方俗称“死秧”。我国各地露地和保护地栽培中均可发生，发病后死苗20%以上，严重时达60%～70%。

初发病时，根系生长不良，侧根少，植株容易拔出。随着病情的发展，主茎、侧枝和叶柄内维管束变黄并逐渐转为黑褐色，叶脉及其两侧叶片组织褪绿黄化，变为褐色，叶片易脱落，最后焦枯，自行脱落。由于大量落叶，结荚数显著减少，豆荚两侧缝线也逐渐变成黄褐色。发病后期，植株成片死去。

菜豆枯萎病由尖孢镰刀菌感染引起。病原菌丝及厚垣孢子附着在病株残体、土壤、未腐熟的有机肥及种子上越冬。翌年经菜豆根部伤口或根毛先端细胞侵入根薄壁组织内生长繁殖，在导管里产生大量分生孢子，随液流扩散到上部的茎蔓、分枝和叶片。下大雨或浇大水后，病菌孢子可随水流传播而蔓延。发病适宜温度为24～28℃，空气相对湿度70%以上。

防治方法：选用抗病品种，如春丰4号、丰收1号等都较抗菜豆枯萎病。用50%多菌灵可湿性粉剂拌种，用药量为种子重的0.4%～0.5%，也可用40%福尔马林300倍液浸种4小时。轮作3～5年，栽培时从整地作畦到田间管理都要保证排水和通风良好，施足基肥，促使植株健壮，以抵抗病菌，雨后及时中耕。当发现病株时，用50%多菌灵可湿性粉剂或50%甲基托布津可湿性粉剂400倍液浇灌植株根部，每株0.4升左右，保护地可用50%速克灵可湿性粉剂1 500倍液或50%扑海因可湿性粉剂1 200倍液喷洒地上部，也可浇灌根部，每株0.25升。每隔7～10天施一次药，连续2～3次。

8. 菜豆根腐病 早期症状不明显，到开花结荚期才逐渐显现。病株叶片变黄，从边缘开始枯萎但不脱落。拔出病株可见主根上部和茎地下部分变为黑褐色，稍凹陷，有时皮层开裂，侧根减少，植株矮化。当主根全部感病并腐烂时，茎叶枯萎死亡。在潮湿的环境下，病株基部有粉红色霉状物形成。

该病由菜豆腐皮镰孢菌侵染引起。病菌因有无色镰刀型大型分生孢子而得名。以菌丝体随病株残体在土壤中越冬，腐生性强，在没有寄主的情况下，可在土壤中存活10年以上，种子不带菌。分生孢子通过雨水反溅或流水在植株间传播。病菌生长发育的适宜温度为29～32℃，因而高温条件下发病比较严重。土壤水分太多时植株根系发育不良，故低洼地、黏土地易发病。病菌还能侵染豇豆。

防治方法：与非豆科作物进行3年以上轮作。春季适当早播，使菜豆生长期避开高温雨季，即使后期感染，受害也较轻。采用高畦深沟栽培，切忌大水漫灌，雨后及时排水，发现病株应及时拔除，并在病穴及其周围洒石灰粉。药剂防治：露地可用70%甲基托布津可湿性粉剂1 000倍液或50%多菌灵可湿性粉剂1 400倍液、75%百菌清可湿性粉剂600倍液、70%敌克松1 500倍液喷洒植株，每周1次，连续2～3次，如用以上药液浇灌植株根部，防治效果更好。保护地用70%甲基托布津可湿性粉剂800～1 000倍液浇灌根部，也可用75%百菌清600倍液或50%多菌灵500～600倍液喷洒植株主茎基部，每隔7～10天一次，连续2～3次。

9. 菜豆病毒病 又名菜豆花叶病。在我国分布很广，严重时影响结荚，产量降低。

初发病时，嫩叶出现明脉，缺绿，皱缩，继而呈花叶。花叶的绿色部分突起或凹陷成袋形，叶片通常向下弯曲。有的品种叶片扭曲畸形，植株矮缩，开花迟缓或落花。26℃左右呈重型花叶。豆荚症状不明显。

此病由病毒侵染引起，病原病毒有3种，即菜豆普通花叶病毒、菜豆黄色花叶病毒和黄瓜花叶病毒菜豆系。初次侵染源主要是越冬病株残体和带毒的种子。田间主要通过蚜虫传播，传播菜豆普通花叶病毒的有棉蚜、桃蚜、菜缢管蚜、豆蚜和黑蚜；传播菜豆黄色花叶病毒的有豌豆蚜、豆蚜和桃蚜；传播黄瓜花叶病毒的有桃蚜和棉蚜。干旱少雨，蚜虫泛滥时发病严重。

防治方法：选用抗病品种，如芸丰、优胜者、春丰 4 号、日本极早生等品种抗病性较强。建立无病菌留种田，选用无病虫感染的种子。加强栽培管理，苗期保证肥水供应，促进幼苗生长，提高抗病能力。及时防治蚜虫，消灭病毒传播体。发病初期喷洒 15%植病灵乳剂 1 000 倍液或抗毒剂 1 号 300 倍液、83 增抗剂 100 倍液，每隔 10 天左右喷一次，连续喷洒 3～4 次。也可喷洒病毒钝化剂九一二 200 倍液。

第四章

蚕豆设施栽培

蚕豆，又称胡豆、佛豆、川豆、倭豆、罗汉豆、大豆等。属豆科一年生或二年生草本植物，以其豆粒（种子）供食用。

一、蚕豆生产概况

菜用蚕豆近年来在东南沿海以及西南地区种植面积逐年扩大，其种植效益也逐年提高。传统的蚕豆种植主要是销售干籽粒为主，其产品一般为粉丝、炒货等，菜用蚕豆由于其鲜籽粒较大、味道鲜美、食用方便等优点受到广大市民和农村消费者的喜爱。菜用蚕豆一般亩产可达到1 000千克以上，在长江流域设施栽培可实现从5月上市提早到2月上市，亩经济效益3 000～5 000元。

二、蚕豆生物学特性

蚕豆植株高30～180厘米，根系较发达，具有根瘤菌共生，能固定氮素。茎直立，四棱，中空，四角上的维管束较大。羽状复叶，自叶腋中抽生花序，总状花序，花蝶形，荚果，种子扁平，略呈矩圆形或近于球形。蚕豆一般于秋季萌芽生长，第二年春夏抽序开花和结出荚果。蚕豆性喜冷凉，发芽和生长适温16～20℃，在5～6℃时可缓慢发芽，25℃以上高温发芽率显著降低。幼苗能忍受短期－4℃低温，－6℃时死亡。开花结果适温12～20℃，8℃以下、15℃以上开的花往往不结荚。花芽开始分化时，若遇高温，尤其是高夜温，开花节位上升。

蚕豆为长日照作物，在长日照下能促进生长发育、成熟和收获期提前。从南向北引种时，生育期逐渐变短，反之则延长。蚕豆整个生长期间都需要充足的阳光，尤其是开花结荚期和鼓粒灌浆期。一般向光透风面的分枝健壮，花多、荚多，若种植密度过大，株间互相遮光，会导致蚕豆的花荚大量脱落。因此，栽培上要合理密植，使其有一个合理的群体结构，对提高产量有明显的效果。

蚕豆喜温暖湿润气候和黏壤土，不耐旱、涝，对水分要求适中，但土壤过湿易生立枯病和锈病。蚕豆对土壤的适应性比较强，能在各种土壤中生长，但最适宜的是土层深厚、有机质丰富、排水条件好、保水保肥能力较强的黏质土壤。沙土、沙壤土、冷沙土、漏沙土因肥力不足、保水力差，植株生长瘦小，分枝少，产量低。增施农家肥料，提高土壤肥力，保持土壤湿润，也能使蚕豆生长良好。蚕豆适应土壤酸碱度的范围为 pH6.2～8.0，耐碱性较强，沿海一带盐碱地也能种植。在过酸土壤中会抑制根瘤菌繁殖以及根际微生物的活动，因此蚕豆在酸性土壤中往往生长不良，容易感病。在酸性土壤种植蚕豆，需施用石灰，北方地区多是石灰性钙质土壤，种植蚕豆有优势。

蚕豆可单作或间套作，忌连作，可点播、条播或撒播，以有机肥和磷、钾肥为主。蚕豆根系较发达，根瘤菌能与其共生固氮。主要病害有锈病、赤斑病、立枯病。主要害虫是蚕豆象。蚕豆子粒蛋白质含量 25%～28%，含 8 种必需氨基酸。碳水化合物含量 47%～60%。可食用，也可制酱、酱油、粉丝、粉皮和作蔬菜，还可作饲料、绿肥和蜜源植物种植。

三、蚕豆主要设施栽培品种

目前用于设施栽培的蚕豆品种均为大荚大粒鲜食品种。

1. 日本大白皮　冬性，中熟品种，全生育期 223 天左右。茎秆粗壮，株高 105 厘米，花紫色。单株有效分枝 3 个左右，单株结荚 10 个左右，荚长荚大，其中一粒荚占 26.7%，二粒以上荚占73.3%，鲜荚长10.6厘米，宽2.7厘米，平均百荚鲜重2 205克。福建、浙江南部4月中旬左右鲜荚上市，浙江北部、上海、江苏4月下旬至5月上旬鲜荚上市。单荚粒数1.8粒，鲜籽长2.9厘米，宽2.3厘米，鲜籽百粒重395克，干籽百粒重175克，白皮、黑脐。鲜荚可直接上市或保鲜出口，青豆可速冻加工。

2. 通蚕（鲜）6号 冬性，中熟品种，全生育期220天。沿海地区鲜荚上市在4月下旬至5月上中旬，比日本大白皮早熟2～3天。苗期长势旺，株高85厘米，花紫色。单株有效分枝3.9个，单株结荚9个，其中一粒荚占33.6%，二粒以上荚占66.4%。鲜荚长10.4厘米，宽2.8厘米，平均百荚鲜重2 241.5克。鲜籽长3.0厘米，宽2.2厘米，鲜籽百粒重429.6克，干籽百粒重200克左右。黑脐，种皮浅紫，可作纯度鉴定用。青豆速冻加工可周年供应，青荚可直接上市或保鲜出口。

3. 通蚕鲜7号 秋播鲜食大粒蚕豆。播种至青荚采收期209天，全生育期220天左右。苗期生长势旺，中后期根系活力较强，耐肥，秸青籽熟，不裂荚，熟相好。株高96.7厘米左右，叶片较大，茎秆粗壮，结荚高度中等。浅紫花，单株分枝4.6个，单株结荚15.2个，单株产量263.8克，每荚粒数2.27粒左右，其中一粒荚占19.5%，二粒荚以上占80.5%。鲜荚长11.81厘米，宽2.55厘米。百荚鲜重2 500.4克。鲜籽长3.01厘米，宽2.18厘米，百粒重379.3克，口感好，品质佳，香甜柔糯。青豆速冻加工可周年供应，青荚可直接上市或保鲜出口。干籽粒种皮白色，黑脐，较大，百粒重205克左右。品质优良。中抗赤斑病、锈病，较耐白粉病，抗倒性较好，收获时熟相好。

4. 通蚕鲜8号 秋播鲜食大粒蚕豆。播种至青荚采收期208.6天，全生育期220天左右。苗期生长势旺，中后期根系活力较强，耐肥，秸青籽熟，不裂荚，熟相好。株高94.5厘米左右，叶片较大，茎秆粗壮，结荚高度中等。紫花。单株分枝

5.15个，结荚14.7个，产量249.5克。每荚粒数2.13粒左右，其中一粒荚占23.5%，二粒荚以上占76.5%。鲜荚长11.26厘米，宽2.49厘米，百荚鲜重2 346.0克。鲜籽长2.83厘米，宽2.06厘米，百粒重379.5克，口感好，品质佳，香甜柔糯。干籽粒种皮白色，黑脐，籽粒较大，百粒重195克左右。中抗赤斑病、锈病，较耐白粉病，抗倒性较好，收获时熟相好。

5. 通鲜1号　冬性，中熟品种，从播种到采收200天左右。株型紧凑，株高93.2厘米，茎秆中空，四棱，下部淡绿色，中上部淡紫色。叶片椭圆，芭蕉叶形，中等偏大，肥厚，正面淡绿色，背面灰白色。花淡紫至紫色，无限花序。单枝结荚多，平均2.84个。鲜荚长10.4厘米，宽2.8厘米。多粒荚占65%，平均每荚2.1粒，单荚重18.9克。鲜籽百粒重464克，易煮烂，微甜可口，风味独特。种子白皮黑脐，有光泽，干籽粒长方形，宽1.5～2.0厘米，长2.1～2.6厘米。

6. 通鲜2号　冬性，中熟品种，播种至青荚采收期200天。植株直立紧凑，株高98.3厘米，主茎节数16.1个，有效分枝4.1个。花淡紫至紫色。青荚深绿色，荚型近似直线型。鲜籽椭圆形，干籽青皮黑脐；鲜籽嫩时无色，偏老时浅黑色。单株平均结荚14.6个，荚长10.33厘米，荚宽2.6厘米。鲜百荚重2 015.2克，鲜籽百粒重385.15克。鲜籽口感香甜，品质优。中抗蚕豆赤斑病和褐斑病，结荚期抗倒，盛花期赤斑病轻微，抗寒性较好。

7. 陵西一寸　日本引进品种。根系发达，主根粗壮，入土深45～65厘米，侧根数达35～52条，单株有根瘤40～46粒，茎方形，直立中空，粗0.9～1.4厘米，分枝直接由根际部抽出。株高109～110厘米，有效分枝5～8个，单株结荚数13～16个，荚长9.3～12.7厘米，最长荚15～17厘米，荚宽3～3.5厘米，荚呈圆筒形，鲜籽淡绿色，单株粒数13.5～15.1，干籽淡棕色，种子长30毫米，宽25毫米，百粒重250克以上，最重达280

克。喜湿润，怕干旱，苗期尤怕水渍淹涝，播时忌施种肥。该品种是鲜食和加工罐头的优质品种，质地细腻糯性好，富含营养，煮烧松软，水浸后油煎，松脆鲜美。对土壤适应性较广，病虫害发生较少，耐肥，但耐寒性较弱，栽培上要注意防冻。

8. 慈溪大粒1号 原名白花大粒蚕豆。秋播品种。株型松散，株高85～90厘米。茎秆粗壮。叶片宽，且厚，叶色浓绿。花白带粉色。结荚部位较低，离地约25厘米，单株有效分枝6～8个，有效分枝结荚2～3个；青荚长13～15厘米，每荚2～3粒。豆粒肥大，鲜豆粒长3厘米左右，宽2.4厘米。种子百粒重180～200克。鲜豆粒青白色，干豆浅褐色。老熟种子种皮浅红色，皮薄易开裂。一般种子发芽率85%左右，全生育期230天左右。

9. 海门大青皮 冬性，中熟品种，全生育期221天。株型紧凑，直立生长。茎秆粗壮。株高中等，一般株高90厘米，花紫色。分枝较多，单株分枝4.5个，单株结荚12.2个，每荚1.6粒，豆荚长8.0厘米。籽粒较大，扁平，粒形阔薄，粒长2.03厘米，宽1.52厘米，种皮碧绿有光泽，种脐黑色，基部略隆起。百粒重115～120克。耐寒，抗病，抗倒，熟相好。可单作，也可与玉米、棉花、蔬菜、药材等间套种。青籽适于鲜食，干籽可加工出口。

四、蚕豆设施栽培技术

（一）科学选棚，合理密植

蚕豆大棚应建立在土层深厚、土壤有机质含量最好在1.5%以上（有利光、温、水、气、肥运作和根系吸收）、排水良好的黏质壤土或沙质壤土的地方。拱棚的长和宽，要因地因材料而异，一般棚宽6～8米，高2.5米左右，以利于田间操作。以白色膜为好，在增加有效积温的同时增加透光性；棚边采用裙膜，便于通风透气。

蚕豆喜温暖湿润气候，不耐高温，对光照较为敏感，蚕豆花朝强光方向开放，一般朝南方向种植的蚕豆结荚数比朝北方向的多。因此，在栽培过程中，如密度过大，会造成相互遮阴、光照不足，引起病虫害加重，结荚率降低；设施蚕豆栽培，密度比露地稀植，每亩成苗控制在 4 000 株左右，以最大限度地发挥生物学效应和提高经济系数。

（二）适期播种，及时上膜

设施蚕豆的播种期可适当提早，比露地提早 5～10 天，正常茬口安排在 10 月中下旬，最迟不晚于 11 月 5 日；不能正常腾茬的田块，可采用育苗移栽，成活率达 98%以上。当蚕豆植株安全通过春化阶段后日平均气温低于 8℃以下时及时上膜，以促使蚕豆生长发育。为防土传苗期真菌病害，盖膜时间可延迟到最低温度 0℃左右，第一次寒潮来临时。上膜后要注意棚内的温度，最好不要超过 25℃，并要注意经常换气通风，防止徒长。棚内备温度计，便于观察，灵活开闭通风口。开花结荚期适温 15～22℃，10℃开花甚少，晴好天气中午棚内温度不能过高，否则将造成花粉败育，只开花而不结荚。

（三）适时摘心打顶，调控株型

为控制蚕豆植株生长、降低结荚部位、提高成荚率、提早上市，应做好摘心打顶、调控株型等工作。在降低棚内湿度的前提下，在主茎复叶达到 4 龄时，要及时摘心、去除主茎，以促进分枝发生，越冬后要及时整去小分枝，每株留 5～6 个健壮大分枝，并引导分枝朝两侧分开生长，以利于通风透光；并在开花前再次摘除无效分枝；在果荚开始膨大时，结荚分枝下部有 1～2 个小荚时打顶，以促进已留果荚的形成和膨大。打顶原则是：打小（叶）不打大，打实（茎尖）不打空，打蕾不打花，打晴（天）不打阴。据试验，通过打顶可调节株型，打顶比不打顶的株高平均降低 20 厘米左右，株与株之间可减少相互遮阴，增加通风透光率，提高结荚率，使之粒多粒大。通过打顶每亩可增加鲜荚

100～150 千克，增产 15%左右。

（四）合理控水，施足基肥

大棚覆盖期间，棚土耕作层、空间、棵间湿度相对较高，在低温全关闭时段，湿度变化幅度为 80%～98%，不利于棚内蚕豆植株长根和保全苗。因此，在水分管理措施上，要适当拓宽棚外排水沟系，使沟宽 30 厘米、沟深 40 厘米，条件好的地方可建造水泥灌溉和排水沟系；平时注意通风降湿，中、大雨量时要防止棚外脚沟内滞留水渗透入棚。大棚栽培蚕豆由于生长势旺、需水量较露地蚕豆大，棚内温度高，水分蒸发量大，加之棚膜隔绝天然雨水的进入，容易造成蚕豆失水过快，植株萎蔫。因此，大棚蚕豆田间的湿度必须满足蚕豆各生育期持别是开花结荚期对水分的需求。苗期田间持水量保持在 70%左右，开花结荚期保持在 80%左右，若达不到这一要求，应及时灌水。灌水方法应采用沟灌暗渗，切莫漫灌，一般每年 3 月底至 4 月上旬棚内蚕豆结荚期，存在短时间干旱威胁，应适时浇水润土 1～2 次。

大棚蚕豆要施足基肥。垄作，一般在播种前把肥料（最好施有机肥或腐熟人畜粪肥加磷肥）撒施土壤，然后起垄；平作，先开沟，挖一条待播行（沟），其挖出的土放置于空白行间，先碎土、晒土灭菌，然后将基肥施于播种沟内，随后覆土拉平。在施足基肥的情况下，盛花期结合品种特性和田间长势每亩施复合肥 20 千克左右，当植株下部有 1～2 个小荚时每亩施尿素 5 千克。

（五）正确调控温湿度

据棚内温湿度表数据、目测雾气大小，结合天气预报以及进棚人为感觉等，合理关闭或开启裙膜。

1. 全关闭　冬季、早春及以下情况下多采用 24 小时全关闭：

（1）天气阴雨多云伴随冷风，尤其是寒潮和冻雨雪期间；

（2）天气预报温度在 1～2℃及以下，上午 8 时 30 分棚内温度 2～3℃，下午 14 时 3～5℃；

（3）风力4～5级伴有6级以上阵风；

（4）11月上旬蚕豆迟播未出苗阶段。

2. 半开启　即白天4～6小时开启，余下时间和夜间全关闭。

（1）天气预报最低温度3～4℃，最高温度10℃以上，风力4～5级；

（2）上午10时至11时棚内温度16～20℃，棚外风力4～5级，于11～16时开启一侧门通风，关闭时棚内温度18℃左右，特殊情况下2月下旬和3月上旬蚕豆开花结荚期的上午9～11时全关闭，有利于传粉受精结荚。

3. 白天全开启　一般白天8时左右开启，下午17时以后关闭，余下时间全关闭。

（1）天气预报最低气温5～6℃，最高温度13～15℃，上午8时棚内温度18～25℃，开启通风后，下午14时温度20℃左右；

（2）3月中下旬至4月中旬，气温明显回升，日平均温度稳定超过10℃，可免查棚内温度，直接全天开启通风；当棚内气温超过30℃以上，或达到“里外持平”程度，须揭开裙膜、夜间全开启通风。此外，大风大雨时，大棚要临时关闭，“雨过天晴”立即全开启通风。

（六）及时采收

鲜食蚕豆一般在4月中下旬陆续采收上市，从外观上看，豆荚浓绿，豆荚饱满，种脐由无色转黑，荚略朝下倾斜，是采摘鲜豆的最佳期。若鲜豆收摘过早，豆粒饱满度差，商品性差。如为赶时鲜上市，获得最大利润，也可适当提前采收。种豆的采摘期，当植株大部分叶子转为枯黄，豆荚呈黑褐色时为宜。

五、蚕豆常见病虫害及其防治

设施蚕豆常见病害主要有蚕豆赤斑病、蚕豆褐斑病、蚕豆锈病、蚕豆病毒病。常见虫害主要为蚜虫。

1. 蚕豆赤斑病 当气候适宜时，病害发生严重，造成植株叶片脱落，甚至早衰和枯死，产量损失严重。

田间温度和湿度对赤斑病发生影响极大。病菌侵染适温为20℃；饱和的空气湿度或寄主组织表面有水膜是病菌孢子萌发和侵染的必要条件。蚕豆进入开花期后，植株抗病力减弱，易被侵染并发病。秋播过早，常导致冬前发病重。田间植株密度高、排水不良、土壤缺素等都有利于赤斑病发生。连作地块由于土壤中病菌积累而发病重。

病害防治：

（1）种植抗病品种，选用健康种子。

（2）采用高畦深沟栽培方式；控制氮肥，增施草木灰和磷钾肥，增强植株抗病力；轮作；田间收获后及时清除病残体，深埋或烧毁。

（3）用种子重量0.3％的50％多菌灵可湿性粉剂拌种，能够控制早期病害。发病初期喷施50％多菌灵可湿性粉剂1 200～1 500倍液或50％速克灵可湿性粉剂1 500～2 000倍液等。视病情发展情况，隔7～10天再喷施一次药，连续防治2～3次。

2. 蚕豆褐斑病 病菌在叶片上引起大片病斑，导致叶片脱落，一般减产达20％～30％，严重地块可减产50％。

气候条件是影响病害流行的主要因素。在蚕豆全生育期中，当田间存在病原菌时，遇雨后或重露后的高湿环境，可形成严重的侵染。冷凉、多雨的气候利于病原菌侵染。偏施氮肥、播种过早、田块低洼潮湿等因素能够加重病害的发生。

防治方法：

（1）与禾本科等非豆科作物轮作；适时播种，高畦栽培，合理施肥，增施钾肥，提高植株抗病力；收获后及时清除田间植株病残体，将其深埋或烧毁；播种前，清除田间及地边的自生苗。

（2）选用抗病品种或健康无病种子。精选种子，去除病粒；

播种前进行种子处理，如温汤浸种、杀菌剂拌种或进行种子包衣处理。

（3）发病初期喷施50%多菌灵可湿性粉剂1 000～1 200倍液或70%甲基托布津可湿性粉剂500～600倍液、75%百菌清可湿性粉剂500～800倍液等。病情严重时，隔7～10天再喷一次。

3. 蚕豆锈病　蚕豆锈病主要危害叶和茎。初期仅在叶两面生淡黄色小斑点，直径约1毫米，后颜色逐渐加深，呈黄褐色或锈褐色，斑点扩大并隆起，形成夏孢子堆。夏孢子堆破裂飞散出黄褐色的夏孢子，后产生新的夏孢子堆及夏孢子扩大蔓延，发病严重的整个叶片或茎都被夏孢子堆布满，到后期叶和茎上的夏孢子堆逐渐形成深褐色椭圆形或不规则形冬孢子堆，其表皮破裂后向左右两面卷曲，散发出黑色的粉末，即冬孢子。

防治方法：

（1）选用抗病品种。

（2）开沟排水，及时整枝，降低田间湿度。

（3）发病初期开始喷洒30%固体石硫合剂150倍液或15%三唑酮可湿性粉剂1 000～1 500倍液、50%萎锈灵乳油800倍液、50%硫黄悬浮剂200倍液、25%敌力脱乳油3 000倍液、25%敌力脱乳油4 000倍液加15%三唑酮可湿性粉剂2 000倍液，隔10天左右一次，连续防治2～3次。

4. 蚕豆病毒病　不但种类多，而且发生重，导致减产、降质，受害重时结荚少，褐斑粒多，不但影响产量，而且常因褐斑粒而降质、降价，出口也受到限制。我国已经发现并报道的蚕豆病毒病有6种，其中分布最广、危害较重的为菜豆花叶病毒病（BYMV），在云南蚕豆田随机采集的标样中，菜豆黄花叶病毒的侵染率高达96%，而在具有病毒症状的样本中，侵染率为100%。

受害植株叶片为系统花叶。在幼叶被侵染初期出现明脉，后表现为轻花叶、膜带以及褪绿。

病毒通过摩擦、蚜虫、种子传播。在蚕豆上种传率4%～17%。传毒蚜虫有20多种，以非持久方式传毒。带病毒种子和来自其他发病作物的带毒蚜虫是最主要的初侵染源。

防治方法：种植抗病品种；用健康种子；及时防治蚜虫；清洁田园，铲除杂草。

5. 蚜虫

（1）喷施50%辟蚜雾可湿性粉剂2 000倍液或10%吡虫啉可湿性粉剂2 500倍液、绿浪1 500倍液。

（2）保护地可采用高温闷棚法，在5、6月份作物收获以后，用塑料膜将棚室密闭4～5天，消灭其中虫源。

参考文献

陈新，袁星星，顾和平，等．2009．江苏省食用豆生产现状及发展前景．江苏农业科学（5）：4－8．

程须珍，王述民．2009．中国食用豆类品种志．北京：中国农业科学技术出版社．

汪凯华，王学军，缪亚梅，等．2009．优质大粒鲜食蚕豆通蚕（鲜）6号选育及栽培技术．安徽农业科学，37（14）：6406－6407，6410．

王晓鸣，朱振东，段灿星，等．2007．蚕豆豌豆病虫害鉴别与控制技术．北京：中国农业科学技术出版社．

袁星星，陈新，陈华涛，等．2010．适合中国南方栽培的蚕豆新品种及其高产栽培技术．江苏农业科学（5）：206－208．

运广荣．2004．中国蔬菜实用新技术大全：北方蔬菜卷．北京：北京科学技术出版社．

邹学校．2004．中国蔬菜实用新技术大全：南方蔬菜卷．北京：北京科学技术出版社．

第五章

豌豆设施栽培

豌豆，又称蜜糖豆或蜜豆（圆身）、荷兰豆（扁身）等，是豆科豌豆属一年生或二年生攀缘草本植物。

一、豌豆生产概况

我国豌豆播种面积占世界总播种面积的43%，总产量500万吨，占世界总产量的40%以上，南、北各省均有种植，为重要的粮食和蔬菜作物。

按照品种用途不同，豌豆可分为食苗豌豆、软荚食荚豌豆、硬荚食粒豌豆等，近几年随着出口创汇农业的兴起和加工企业加工能力的加强，菜用豌豆无论从产量或品质都上了一个新的台阶。

中国南方地区豌豆生产主要集中在沿海省份，如江苏、浙江、福建、山东等，年种植面积在200万亩以上，种植时间为第一年的10月，收获时间根据用途不同一般为次年4月中旬至5月初，其中40%左右产品用于速冻加工，出口到日本、韩国和东南亚等地，60%产品直接用于内销。

近年来，由于人们对菜用豌豆的喜爱而导致种植面积进一步扩大，2009年菜用豌豆的种植面积比2005年增加20%左右，亩产量也提高了30%。一些专业化、规模化的生产基地已经形成一定规模，并前景良好（如江苏淮安万亩豌豆产业化基地项目），据试验，江苏淮安甜豌豆地膜覆盖垄作栽培比常规栽培增产30%，并提早成熟1周，病虫害比常规栽培减少50%，且无冻害情况发生，豌豆品质完全符合外贸出口要求。

二、豌豆生物学特性

豌豆的根为直根系，侧根少，但根瘤发达，在较贫瘠的土壤上能较好生长。茎近四方形，中空而质脆。主茎上一般发生 1～3 个分枝。叶为偶数羽状复叶，有小叶 1～3 对，顶端 1～2 对小叶变成卷须，具有攀缘性。托叶大而抱茎，叶表面无茸毛，但有蜡质或白粉。花为单生或短总状花序，每个花序着生 1～3 朵花，结荚 1～2 个。蝶形花，花冠白色、紫色或两者中间类型，自花授粉。食荚豌豆的荚长而扁平，长 6～15 厘米，宽 1.5～4 厘米；食粒豌豆的荚较短、窄或宽。荚内一般有种子 2～8 粒。谢花后，最初是豆荚发育，种子不发育。8～10 天后荚果停止伸长，种子才开始发育。软荚豌豆的成熟种子一般皱缩。（见彩图）

豌豆在豆类中是耐寒性最强的。其种子 2～3℃以上即可发芽，但发芽适温为 18～20℃；幼苗期生长适温为 12～16℃，可耐－4～－5℃的低温；开花期最适温度为 15～18℃，5℃以下开花减少，20℃以上高温干燥天气受精率低，种子减少；结荚期适温为 18～20℃，25℃以上时植株生长衰弱，28℃以上落花落荚严重；花芽分化需要低温条件，冬性品种需 0～5℃的低温，春性品种在 15℃以上即可。

豌豆一般为长日照植物，尤其在结荚期要求较强的光照和较长的光照时间。也有相当一部分品种对光照长短要求不严，但在长日照下能提早开花，缩短生育期。因此，将南方品种引到北方栽培，一般都能提早开花结荚；反之北方品种引到南方则延迟开花结荚，或根本不能开花结荚。

豌豆的耐旱能力较强，但不耐空气干燥，喜湿润气候，又不耐雨涝。开花时最适空气湿度为 60％～90％。另外，豌豆虽然对土壤适应性较广，但以疏松、富含有机质的中性或微酸性黏质土壤最适宜。豌豆最忌连作，生茬地栽培最好。对氮肥需求相对较少，但前期要适当追施氮肥；对磷肥要求较多。

三、豌豆主要品种类型及分布

（一）南方地区主要豌豆品种

1. 半无叶株型硬荚品种

（1）科豌1号　中国农业科学院作物科学研究所1994年从法国农业科学院引进，经辽宁省经济作物研究所与中国农业科学院作物科学研究所合作系统选育而成，2006年通过辽宁省农作物品种审定委员会审定。中熟品种，春播生育期95天。有限结荚习性，株型紧凑，直立生长。幼茎绿色，成熟茎绿色，株高50～60厘米，主茎分枝2～3个，半无叶株型。花白色。单株结荚8～11个，荚长5.5～6.0厘米，荚宽1.4～1.6厘米，单荚粒数4～5粒。籽粒球型，种皮黄色，白脐，百粒重约26克。2003～2004年辽宁省豌豆品种比较试验，平均产量每公顷3 751.5千克；2005年生产试验，平均产量每公顷3 181.5千克。该品种结荚集中，成熟一致，不炸荚，适于一次性收获。抗花叶病和霜霉病，抗倒伏，耐瘠薄性较强。适于辽宁、河北及周边地区种植。

（2）科豌2号　中国农业科学院作物科学研究所1994年从法国农业科学院引进，经辽宁省经济作物研究所与中国农业科学院作物科学研究所合作系统选育而成，2007年通过辽宁省农作物品种审定委员会审定。中早熟品种，从播种到嫩荚采收55天左右。植株矮生，无分枝，半无叶株型，一般株高60～70厘米，茎节数16个左右。初花节位7～9节，花白色，每花序花数1～3个。鲜荚长7～8厘米，宽1.5厘米，荚直，尖端呈钝角形，鲜荚单重4.5～5.5克，单荚粒数一般5～8粒。单株结荚6～8个，硬荚型。成熟籽粒黄白色，种脐白色，表面光滑，百粒重25～27克。2005～2006年在辽宁黄泥洼镇、河北固安县等多点鉴定，青豌豆平均产量每公顷13 192千克，最高每公顷16 500千克，干籽粒平均每公顷3 825千克，最高每公顷4 500千克。

该品种具有群体长势强健、抗倒伏、适合密植、增产潜力大、抗病性强等突出优点。适于辽宁、河北及周边地区种植。（见彩图）

（3）云豌1号　云南省农业科学院粮食作物研究所采用常规杂交育种程序育成。中熟品种，昆明种植全生育期180天。株型直立，株高51厘米，半无叶株型。平均单株分枝数5.2个，花白色，多花多荚，硬荚，荚长5.93厘米。种皮淡绿色，种脐灰白色，子叶浅黄色。籽粒圆球形，单株21.2荚，单荚5.73粒，百粒重21.0克，单株粒重20.0克。中抗白粉病。品比试验平均干籽粒产量每公顷3 177千克，大田生产试验平均干籽粒产量每公顷3 020千克，鲜苗产量高于每公顷15 000千克。适宜云南省海拔1 100～2 400米的蔬菜产区以及近似生境区域栽培种植。

（4）草原276　青海省农林科学院作物所经有性杂交选育而成。半无叶豌豆新类型。1998年通过青海省品种审定。籽粒圆形，种皮白色，种脐淡黄色，百粒重27～28.5克。株高65～75厘米，每株16～18个荚，每荚4～5粒，双荚率80%。籽粒蛋白质含量24.69%，淀粉含量50.63%。抗倒伏，中度耐寒、耐旱，无白粉病和褐斑病，根腐病极轻。在中水肥条件下每公顷产量3 750～5 250千克，高水肥条件下6 000～6 750千克，旱作条件下2 625～3 000千克。双荚率高，籽粒大，直立抗倒，丰产性好。适于在青海、甘肃、新疆等省区种植。

（5）草原23号　青海省农林科学院作物育种栽培研究所于2000年从英国引进的有叶豌豆，经系统选育而成。2005年12月通过青海省农作物品种审定委员会审定。春性，中晚熟品种，生育期110天。株高74～84厘米，有效分枝2.0～4.0个。复叶全部变为卷须，花白色，硬荚。籽粒皱，绿色，近圆形，粒径0.7～0.8厘米，种脐淡黄色。单株荚数19～25个，单株粒重47.0～55.0克，百粒重31.50～32.50克。在青海省豌豆品种区域试验中，平均产量每公顷5 349.0千克，生产试验平均产量每公顷5 127.0千克。适宜青海省东、西部农业区有灌溉条件的地

区种植。(见彩图)

(6) 草原24号 青海省农林科学院作物育种栽培研究所于1995年从德国引进，经多年系统选育而成，2007年12月通过青海省农作物品种审定委员会审定。春性，中熟品种，生育期100天。株高95～100厘米，有效分枝1.0～3.0个。花白色。种皮白色，圆形，粒径0.61～0.75厘米，子叶黄色，种脐浅黄色。单株荚数22～31个，双荚率5%～10%，单株粒重18.6～27.4克，百粒重23.73～27.45克。在青海省豌豆品种区域试验中，平均产量每公顷5 425.5千克，生产试验平均产量每公顷5 238.0千克。适宜青海省东部农业区水地和柴达木灌区及我国西北豌豆区种植。

(7) 秦选1号 河北省秦皇岛市农技推广站从1995年法国引进的半无叶豌豆品系中提纯扩繁而成，2001年通过品种审定。籽粒圆形，种皮白色，种脐淡黄色，百粒重22～24克。株高65～75厘米，每株16～18个荚，每荚4～5粒，双荚率80%以上。中水肥条件下每公顷产干籽粒4 125～5 625千克。

(8) 宝峰3号 河北省职业技术师范学院选育。半无叶型，超高产专用豌豆新品种。株型收敛，株高66厘米左右，有效分枝3.8左右，主茎节数18个左右，托叶正常，小叶突变成卷须(属半无叶型)，托叶颜色深绿，根系发达。白花，白色荚。单株荚数10个左右，单荚粒数5个左右，双荚率90%以上，圆粒，绿子叶，百粒重22克左右。中晚熟，春播生育期103天。大田生产一般每公顷3 750千克左右，高产可达每公顷7 500千克。抗倒伏性强，抗旱性良好，成熟时不裂荚，抗猝倒病、根腐病、白粉病。适于辽宁、河北及周边地区种植。

2. 普通株型硬荚品种

(1) 中豌2号 中国农业科学院畜牧研究所经有性杂交选育而成。株高55厘米左右，茎叶深绿色，白花，硬荚。单株荚果6～8个，多至20个，荚长8～11厘米，荚宽1.5厘米，单荚

6～8 粒，百粒重 28 克左右。春播区从出苗至成熟 70～80 天，冬播区 90～110 天，以幼苗越冬的约 150 天。干豌豆每公顷产量 2 250～3 000 千克，高的达 3 375 千克以上。青豌豆荚每公顷产 10 500～12 000 千克。品质优良，荚大，粒多，粒大，成熟干豌豆浅绿色。丰产性好。易熟，食味鲜美，商品性好，尤适菜用。耐肥性强，在光照充足地区栽培产量潜力更大。适于华北、西北、东北等地种植。

（2）中豌 4 号　中国农业科学院畜牧研究所经有性杂交选育而成。窄荚、中粒、成熟干豌豆黄白色。茎叶浅绿色，单株荚果 6～10 个，冬播，有分枝的单株荚果可达 10～20 个，荚长 7～8 厘米，荚宽 1.2 厘米，单荚 6～7 粒。百粒重 22 克。盛花早，花期集中，青豌豆荚上市早。耐寒、抗旱，较耐瘠，抗白粉病。品质中上，口感好。在南方冬播虽光照时间短，但灌浆鼓粒快，优于宽荚品种。春播地区生育期 90～100 天。干豌豆每公顷产量 2 250～3 000 千克，青豌豆荚每公顷产量 9 000～12 000 千克。四川、浙江、江西、广东、湖北、河南、河北、安徽等地已经较大面积推广。

（3）中豌 5 号　中国农业科学院畜牧研究所经有性杂交选育而成。窄荚、中粒、成熟干豌豆深绿色。茎叶深绿色，株高40～50 厘米，单株荚果 7～10 个，冬播，有分枝的单株荚果 10 个以上，荚长 6～8 厘米，荚宽 1.2 厘米，单荚 6～7 粒，百粒重 23 克左右。荚果节间距离 4～5 厘米，荚果鼓粒快而集中，前期青荚产量高，约占总产量 45％。上市早，效益好。品质较好，食味鲜美，皮薄易熟。青豌豆深绿色，尤适合速冻和加工制罐，出口创汇。生育期春播地区 90～100 天。干豌豆每公顷产 2 250～3 000千克，青豌豆荚每公顷产 9 000～12 000 千克。在华北、华东、华中、东北、西北、西南各地已较大面积推广种植。

（4）中豌 6 号　中国农业科学院畜牧研究所经有性杂交选育

而成。窄荚、中粒、成熟干豌豆浅绿色。茎叶深绿色，株高40～50厘米，单株荚果7～10个，冬播，有分枝的单株荚果10个以上。荚长7～8厘米，荚宽1.2厘米，单荚6～8粒。百粒重25克左右。节间短，灌浆鼓粒快，前期青荚产量高，约占总产量50%。上市早，效益好。品质较好，食味鲜美，皮薄易熟。春播地区生育期90～100天。干豌豆每公顷产2 250～3 000千克，青豌豆荚9 000～12 000千克。四川、湖北、浙江、江西、安徽、河南、河北等省已较大面积推广。

(5) 团结2号　四川省农业科学院经有性杂交选育而成。株高100厘米左右，白花，硬荚。在四川省冬播，生育期180天。单株荚果5～6个，多的10个以上，双荚率高。干豌豆白色，圆形，百粒重16克。干豌豆每公顷产1 875千克左右。耐旱，耐瘠性较好，较耐菌核病。适于四川、福建、湖北、云南、贵州、广东等地种植。

(6) 成豌6号　四川省农业科学院经有性杂交选育而成。株型较紧凑，株高100厘米，茎粗，节短。白花，硬荚。结荚部位较低，双荚率高。干豌豆白色，近圆形，百粒重17克左右。籽粒品质和烹调味好。耐菌核病，适应性较广。宜选肥力中等偏下地块种植。

(7) 白玉豌豆　江苏省南通市地方品种。株高100～120厘米，分枝性强。白花，硬荚。始花在10～12节，荚长5～10厘米，荚宽1.2厘米，单荚5～10粒。种子圆球形，嫩时浅绿色，成熟后黄白色、光滑。以嫩梢或鲜青豆食用，也可速冻、制罐，干豌豆可加工食品。耐寒性强，不易受冻害。适于江苏省及华东部分地区种植。

(8) 草原224　青海省农林科学院经有性杂交选育而成。籽粒扁圆，种皮绿色，上有紫色斑点，百粒重22～23克。株高140厘米，每株6～8个荚，每荚5～6粒。田间鉴定根腐病和褐斑病极轻，耐渍性好。区试平均每公顷产3 262千克，生产试验平均 2 958 千克，高水肥条件下 3 750～4 500 千克，中水肥条件 3 000～3 750 千克，旱作条件下 2 250～3 000 千克。适于在山旱地、沟岔水地栽培。西宁地区种植时，全生育期 100～110 天。适于在青海、甘肃、宁夏等省、自治区种植。（见彩图）

（9）草原 3 号 青海省农林科学院经有性杂交选育而成。株高 45 厘米左右，茎叶深绿色，白花，硬荚。单株 5～6 荚，单荚 4～5 粒。干豌豆浅灰绿色，近圆形，百粒重 18 克左右。西宁地区从出苗至成熟 90 多天。干豌豆每公顷产 3 750 千克左右。熟性好，品味佳。青嫩豆含糖量较高，适于烹制菜肴。对短日照反应不敏感，也适于南方冬播，直立型较耐水肥，易感染白粉病。适于西北、华南、华东等地种植。

（10）草原 7 号 青海省农林科学院经有性杂交选育而成。株高 50～70 厘米，直立，茎节短，分枝较少。叶色深绿，白花，硬荚。单株 7～8 荚，单荚 5～7 粒。干豌豆淡黄色，光滑，圆形，百粒重 19～23 克。中早熟品种，春播区生育期 90～100 天。南方冬播区生育期 150～160 天，反季节栽培 80～90 天。对短日照不敏感，生长速度均匀，株型紧凑，抗倒伏，耐根腐病，轻感白粉病，适应性广。干豌豆每公顷产 3 750 千克。青嫩豆糖分较高、品质好。适于西北、西南、华南等地种植。

（11）草原 9 号 青海省农林科学院从草原 7 号品种中系统选育而成。株高 90～110 厘米，半匍匐，分枝较少。白花，硬荚。单株荚果 5～7 个，单荚 5～6 粒。干豌豆淡黄色，光滑，圆形，百粒重 18～22 克。西宁春播生育期 105～107 天。干豌豆每公顷产 2 250～3 750 千克。青嫩豆含糖分高，食用品味好。对短日照反应不敏感，南方秋冬播生长良好。耐瘠、耐旱，较耐根腐病。适于西北、西南、华北、华中等地种植。

（12）阿极克斯 株高 80 厘米左右，有效分枝 2～3 个。叶色深绿，花色白，双花双荚多。嫩荚深绿色，鲜籽粒绿色，甜度高，品质佳。干籽粒皱缩，淡绿色或绿色，百粒重 20 克左右。

单株平均 15～18 个荚，每荚 5～6 粒。西宁地区种植生育期 105～110 天。生产试验平均每公顷产 2 384 千克，在中等以上肥力地块种植，可收干籽粒 3 000～3 750 千克或青荚 15 000～18 750 千克，可供速冻的豌豆粒 7 500～9 000 千克。适于青海及类似气候条件地区浅山或平原单作，也适于果园间作。（见彩图）

（13）草原 20 号　青海省农林科学院作物育种栽培研究所 1990 年选育。春性，中熟品种，生育期 102 天。株高 50～60 厘米，有效分枝 2.0～3.0 个。花白色。干籽粒绿色，圆形，种脐淡黄色。单株荚数 15～20 个，单株粒重 15.2～23.2 克，百粒重 24.0～28.0 克。在青海省豌豆品种比较试验中，平均产量每公顷 3 684.9 千克，生产试验平均产量 3 102.9 千克。适宜在青海省川水地，低、中位山旱地及柴达木灌区种植。（见彩图）

（14）草原 21 号　青海省农林科学院作物育种栽培研究所 1995 年选育。春性，中熟品种，生育期 103 天。株高 60～75 厘米，有效分枝 1.0～2.0 个。花白色。干籽粒绿色，近圆形，粒径 0.8～0.9 厘米，种脐淡黄。单株荚数 30～35 个，单株粒重 18.2～26.2 克，百粒重 31.0～33.1 克。在青海省豌豆品种区域试验中，平均产量每公顷 5 080.5 千克，生产试验平均产量 4 686.0千克。适宜在青海省川水地，低、中位山旱地及柴达木灌区种植。（见彩图）

（15）草原 22 号　青海省农林科学院作物育种栽培研究所 1998 年选育。春性，中晚熟品种，生育期 113 天。株高 70～90 厘米，有效分枝 1.0～2.0 个。花白色。籽粒绿色，近圆形，粒径 0.61～0.73 厘米。种脐淡黄色。单株荚数 11～20 个，单株粒重 11.3～22.3 克，百粒重 19.62～22.32 克。在青海省豌豆品种区域试验中，平均产量每公顷 2 912.55 千克，生产试验平均产量 2 744.25 千克。适宜在青海省水地、中位山旱地种植。（见彩图）

（16）草原 25 号　青海省农林科学院作物育种栽培研究所

1990年选育。春性，中熟品种，生育期98天。株高100～120厘米，有效分枝1.0～3.0个。花白色。干籽粒白色，圆形，粒径0.41～0.52厘米，种脐淡黄色。单株荚数17～31个，单株粒重16.1～36.1克，百粒重22.0～25.0克。在全国豌豆品种区域试验中，平均产量每公顷2 554.5千克生产试验平均产量1 933.5千克。适宜在西北地区春播区和华北地区部分春播区种植。

（17）草原26号　青海省农林科学院作物育种栽培研究所1990年选育。春性，中早熟品种，生育期93天。株高58～70厘米，有效分枝1.0～3.0个。花白色。干籽粒白色，圆形，粒径0.63～0.78厘米，种脐淡黄色。单株荚数17～27个，双荚率52.3%～76.1%，单株粒重15.6～23.9克，百粒重20.0～25.0克。在全国豌豆品种区域试验中，平均产量每公顷2 401.5千克，生产试验平均产量1 969.5千克。适宜在我国西北地区的春播区和华北地区的部分春播区种植。

（18）无须豌171　青海省农林科学院作物育种栽培研究所1990年选育。春性，中熟品种，生育期109天。株高130～150厘米，有效分枝1.0～3.0个。复叶由3～4对小叶组成，无卷须。花白色。籽粒白色，圆形，粒径0.36～0.44厘米，种脐淡黄色。单株荚数22～26个，单株粒重20.5～26.7克，百粒重18.32～21.78克。在青海省豌豆品种比较试验中，平均干籽粒产量每公顷3 793.5千克，青苗产量12 408.0千克，生产试验平均干籽粒产量3 691.5千克。适宜青海省东部农业区水浇地种植。（见彩图）

（19）小青荚　株高1米左右，生长势中等，分枝性强。花白色，单生或双生。第一花序着生在第10～11节。硬荚种，嫩荚绿色，单荚重约4克，荚长6厘米，宽1.5厘米。每荚有种子4～6粒。老熟种子黄绿色，圆形微皱，千粒重180克。青豆粒既可鲜食又可加工制罐。在上海、江苏、浙江广为栽培。上海地区10月中、下旬秋播，5月中旬收获，抗寒力较强。

（20）绿珠　1962年自国外引入，在北京郊区推广多年。植株矮生，高40～50厘米，有2～3个分枝。叶片深绿较大。花白色。嫩荚色绿，硬荚种，荚长8厘米左右，宽1.3厘米。每荚有种子5～7粒。嫩豆粒色绿、味甜，煮后较糯。干豆粒大光滑，色绿，千粒重220克左右。早熟，北京地区自播种到收青荚约70天。适应性较强。

（21）上农4号大青豆　株高70～80厘米，分枝2～3个。花白色，每节双花双荚，可连续结荚12个以上。嫩荚深绿色，长8.5厘米左右，每荚6～8粒，硬荚种。鲜豆粒碧绿、味甜、粒大。成熟种子绿白色，皱粒，千粒重230克左右。鲜食、速冻、制罐优良品种。江南地区10月下旬至11月初秋播，5月上旬收青荚。亦可2月上旬春播，5月中旬收青荚。（见彩图）

3. 软荚品种（荷兰豆、甜脆豌豆）

（1）食荚大菜豌1号　四川省农业科学院作物研究所选育。株高70厘米左右，株型紧凑，茎粗节密，叶深绿色。白花。单株荚果11～20个，嫩荚翠绿色，扁长形。鲜荚长12～16厘米，宽3厘米，扁形，单荚重8～20克。每荚6粒种子，白黄色，椭圆形，千粒重330克。早中熟种。华北3月上旬至4月上旬播种，70～90天采收青荚；华中和西南部分地区10月中下旬播种，播后150～200天采收青荚；华南、云南地区9月中旬至10月中旬播种，90～120天可收青荚。每公顷产青荚10 500～15 000千克。嫩荚品质优良，味美可口。全国各地均可种植，江苏、安徽、河南、四川等地区栽培较多。

（2）云豌10号　云南省农业科学院粮食作物研究所选育。中熟品种，昆明种植全生育期180天，株型直立，株高60.4厘米，半无叶株型。平均单株分枝数5.0个。花白色。多花多荚，软荚，荚长6.17厘米，宽1.24厘米。种皮白色，种脐灰白色，子叶浅黄色，粒形长圆球形，单株16.4荚，单荚6.37粒，百粒重23.0克，单株粒重14.8克。品比试验平均干籽粒每公顷3 774千克，大田生产试验平均干籽粒每公顷2 322千克，比同类地方品种增产11.3%～22.1%。鲜荚产量高于每公顷13 209千克。适宜云南省海拔1 100～2 400米蔬菜产区及近似生境区域栽培。

（3）草原31号　青海省农林科学院选育。株高140～150厘米，蔓生，分枝较少，苗期生长快，叶和托叶大。第一花着生于第11～12节，白花，花大。单株荚果10个左右，鲜荚长14厘米，宽3厘米，单荚4～5粒。从出苗至成熟，在西北、华北地区春播100天左右，秋冬播150天左右，南方反季节栽培65～70天，为中早熟品种，每公顷产鲜荚7 500～13 500千克。适应性强，较抗根腐病、褐斑病，中感白粉病。对日照长度反应不敏感，全国大部分地区均可栽培，以黑龙江、北京、广东和青海等地种植较多。

（4）白花小荚　上海市农业科学院园艺研究所从日本引进。株高130厘米，蔓生，白花。嫩荚绿色，荚长7厘米左右，宽1.5厘米。嫩荚品质佳，商品性好，是江浙地区速冻出口的主栽品种。抗寒、抗热、抗病虫能力强。适于上海、浙江、江苏等地栽培。

（5）甜脆豌豆（87-7）　中国农业科学院蔬菜花卉研究所从国外引进。株高约42厘米，矮生直立，分枝1～2个。白花。嫩荚淡绿色，圆棍形。单株荚果8～10个，荚长7～8厘米，宽1.2厘米。早熟，从出苗到采收嫩荚51～53天，从播种到收嫩荚70天。丰产性好，每公顷产嫩荚1 1250千克。嫩荚脆甜，品质优良。适于华北、东北、华东、西南等地种植。

（6）台中11号　福建省农业优良品种开发公司从亚洲蔬菜研究发展中心引进。株高120～160厘米，蔓生，节间短，分枝多。花淡红色。荚形平直，荚长7.5厘米，宽1.3～1.6厘米，单荚重1.6克。晚秋播每公顷产嫩荚4 500～6 000千克，高产栽

培可达 9 000 千克以上。嫩荚肥厚多汁，口感清脆香甜，别具风味。适于福建、华南沿海等地种植。(见彩图)

(7) 青荷 1 号　大荚荷兰豆。青海省农林科学院作物所选育。矮茎，直立生长，株高 80 厘米左右。甜荚，剑形，绿色，长 12 厘米，宽 2 厘米。单株平均 15 荚，每荚 5 粒。在西宁种植生育期 99～118 天，对日照长度反应不敏感。品比试验每公顷产青荚 15 428 千克。适于青海及类似气候条件地区露地和保护地种植。露地种植每公顷保苗 30 万～37.5 万株，大棚种植每公顷 24 万～25.5 万株。一般采取条播，行距 30～40 厘米，每隔 4～5 行空 50 厘米宽行，以便于采摘。

(8) 成驹 39　青海省农林科学院作物育种栽培研究所选育。春性，中晚熟品种，生育期 110 天。无限结荚习性，幼苗直立、淡绿色，成熟茎黄色。株高 150～170 厘米。有效分枝 3.0～5.0 个。花白色。籽粒白色，近圆形，粒径 0.35～0.39 厘米，种脐黄色。单株荚数 20～32 个，双荚率 54%～58%，单株粒数 37～67 粒，单株粒重 3.8～7.0 克，百粒重 13.7～20.7 克。青海省豌豆品种比较试验平均干籽粒产量每公顷 2 577.3 千克，生产试验平均干籽粒产量每公顷 2 259.75 千克。适宜青海省东部农业区水地及柴达木盆地种植。(见彩图)

(9) 甜脆 761　青海省农林科学院作物育种栽培研究所选育。春性，中熟品种，生育期 106 天。株高 170～180 厘米，有效分枝 1.0～3.0 个。花白色。软荚，连珠状，长 10～12.2 厘米，宽 1.8～2.4 厘米。籽粒黄绿色，近圆形，粒径 0.7～0.72 厘米。种脐浅黄色。单株荚数 11～19 个，单株粒重 14.1～18.7 克，百粒重 21.65～23.33 克。青海省豌豆品种比较试验平均干籽粒产量每公顷 3360.15 千克，青荚产量每公顷 17153.7 千克。适宜青海省东部农业区种植。(见彩图)

(10) 奇珍 76　从台湾引进推广的甜豌豆新品种，亩产 950～1 250 千克，结荚饱满，颜色青绿，外型美观，食味甜脆爽口，深受国际市场欢迎。秋冬播种到翌年3～4月收获，是一种较为理想而经济效益较好的冬种作物。根系发达，入土深度可达1米，多数根群分布在20～30厘米的土层，根瘤固氮能力较强。分枝能力较弱，在茎基部和中部生出的侧枝较少，主要靠主蔓结荚。喜冷凉天气，耐寒，不耐热，适宜生长温度16～23℃。全生育期120天，播种至始花约60天，始花至收获约60天。植株半蔓生，蔓长1.8～2.5米，分枝力强，结荚多，每株可结荚20～30个，荚大粒大，豆荚长圆形，属软荚型品种。花白色。

（11）小白花豌豆　全生育期220天左右，越冬栽培，于翌年4月中旬可采青上市。无限生长习性，植株蔓生或缠绕，需支架栽培。一般株高150厘米，分枝性较强。叶片互生，淡绿色至浓绿色，叶面有蜡质。白花，始花节位10～12节，荚长7厘米，宽1.8厘米左右，每荚4～8粒，鲜荚色绿，成熟籽粒白中带黄，皮光滑。青荚可速冻出口，也可兼收干籽。

（12）蜜脆食荚豌豆　上海农学院育成的圆棍类型食荚豌豆。已在黑龙江、山东、河南、云南、江苏、浙江等地推广。株高80厘米左右，单株可结荚20～30个。白花，双花双荚，荚长8厘米，宽1.5厘米，厚1.5厘米，圆棍形，每荚含豆粒6～8个。软荚厚、多汁、甜脆，属粒荚兼用型品种，品质佳。种子绿白色，皱粒，短圆柱形，千粒重230克。早熟品种。江苏、浙江地区11月初播种，翌年4月下旬收青荚。春季2月上旬播种，5月上旬收青荚。露地播种每公顷用种90千克左右，冬季设施栽培用种量60～75千克。虽属矮生，但茎秆较柔软，结荚多，需立矮支架。

（13）日本小白花　从日本引进。较早熟，蔓生，蔓长达1.5米以上，开花节位较低，一般在11节左右始花，花白色，双荚率较高，单荚重1～2克，耐寒力中等，抗病性较强，适应性较广，品质优良，一般亩产嫩荚500千克，高产可达750千克。

（14）镇江 8607 江苏省镇江地区农业科学研究所选育。晚熟，蔓性，蔓长达 1.7 米以上。白花，结荚较多，荚长 6～7 厘米。耐寒性较强，产量高，品质中等。

（15）久留种米丰 中国农业科学院蔬菜花卉研究所从日本引进。早熟。植株矮生，株高 40 厘米，主茎 12～14 节，2～3 个分枝，单株结荚 5～10 个。花白色。嫩荚绿色，长 8 厘米，宽 1.3 厘米，单荚重 6.5～7.0 克，内含种子 5～7 粒。嫩豆粒鲜绿色，味甜，百粒重约 55 克。成熟种子淡绿色，皱缩，百粒重约 20 克。丰产性好，品质佳。亩产青豆荚 600～700 克。为鲜食加工兼用型品种。

（16）大白花豌豆 植株半蔓生，高 90～100 厘米，分枝2～3 个。叶绿色，花白色。软荚种，荚绿色，每荚有种子 4～6 粒。老熟种子黄白色，圆而光滑，脐淡褐色。生长期间可先收嫩梢，再收嫩荚。

（17）春早豌豆 中国农业科学院蔬菜花卉研究所选育。植株矮生直立，株高约 43 厘米，花白色，青荚绿色，硬荚种。荚长 7～8 厘米，宽 1.1 厘米，厚 1 厘米。完熟种子淡绿色，皱缩。适于华北、华南、西南、华东等广大地区种植。北京地区 3 月上中旬播种，条播，行距 33～35 厘米，每亩用种量 10～12 千克，亩产青荚 600～700 千克。

（18）食荚小菜豌 3 号 四川省农业科学院作物研究所 1988 年选育。抗菌核病。株高 80～85 厘米，粒粉绿色，节密荚多，百荚重 0.53 千克，果肉率 79.4%，区域试验平均产青荚 9 574.50千克/公顷，生产试验 10 800 千克/公顷。上市早。食嫩荚香、甜、脆。商品性好。适宜四川省平坝、丘陵和山区不同台位中等及中等偏下肥力土壤种植。

4. 苗用品种

（1）无须豆尖 1 号 四川省农业科学院作物栽培研究所选育。食苗（嫩梢）专用品种。株高 1.5 米左右。白花。5～6 对小叶，无卷须。茎秆粗壮。叶片厚，绿色。种子黄白色，圆粒，千粒重280克左右。长江流域10月中下旬播种，每亩用种20～25千克。播种后生长迅速，可连续采嫩尖5个月左右，亩产1 000千克以上。耐寒性稍差，秋冬早播越冬时植株易遭受冻害。（见彩图）

（2）早豆苗　上海农学院选育。豆苗专用品种。已在上海郊区及江苏、浙江两省推广。植株高1.5米左右，生长迅速，发枝力强。叶色嫩绿，叶片大，茎粗壮，产量高。种子圆粒，粉红色，千粒重160～180克。江苏、浙江8月下旬播种，可在10月初上市。越冬栽培多在10月中下旬播种，可陆续采收到翌年3月，亩产量1 200千克左右。

（二）北方地区主要豌豆品种

北方豌豆有不同变种，按茎的生长习性分为蔓生、半蔓生和矮生；按成熟期早晚分为早熟品种、中熟品种和晚熟品种。

1. 早熟品种

（1）蜜脆　上海农学院育成。株高80厘米左右，第一花序着生在7～8节。叶片绿色，最大托叶长11.5厘米，宽9.5厘米。小叶2对。花白色，每花序双花双荚。荚长7～8厘米，宽、厚1～1.5厘米。软荚种，荚多汁，味甜。成熟种子青黄色，皱皮，百粒重23克左右。早熟，播种后40～50天采收嫩荚。露地播种每公顷用种90千克左右，冬季设施栽培用种量60～75千克。虽属矮生，但茎秆较柔软，结荚多，需立矮支架。

（2）中豌5号　中国农业科学院育成。株高40～50厘米，茎叶深绿色，白花，硬荚。单株结荚7～10个，荚长7～8厘米，宽1.2厘米，每荚内有种子6～7粒。荚果及青豆粒均深绿色，豆粒大小均匀，皮薄易熟，品质较好，青豆含粗蛋白质25.33%。尤适速冻和加工制罐。干豆深绿色，百粒重23克左右。早熟。适应性强，耐寒，抗旱，抗白粉病。适宜在华北、华东、东北、西北及西南等地种植。北方春播地区土壤化冻后即可播种，条播行距30厘米，每公顷播种量225千克。苗期勤中耕，开花结荚期浇水2～3次。注意防治潜叶蝇和豌豆象等害虫。

（3）中豌6号　中国农业科学院育成。株高40～50厘米，茎叶深绿色，花白色，硬荚。单株结荚7～10个，荚长7～9厘米，宽1.2厘米，单荚6～8粒种子。荚果大而饱满，青豆粒浅绿色，食味鲜美，品质好。干种子浅绿色，百粒重25克左右。早熟，适应性强，耐寒，抗旱，抗白粉病。适宜华北、华东、东北、西北、西南等地推广。春播行距30厘米左右，每公顷播种量255千克。

（4）阿拉斯加（小青荚）　从美国引入。株高约1米。生长势中等。叶绿色。花白色。第一花序着生在第6～10节。青荚绿色，平均荚长6厘米，宽1.5厘米，单荚重约4克，每荚有种子5～7粒。成熟种子黄绿色，圆形，百粒重20克左右。青豆粒可鲜食或加工制罐，品质好。抗寒力强，耐热力弱。适宜上海市、吉林省和其他一些地区栽培。较早熟，在吉林出苗后45天左右采收青荚。

（5）甜脆食荚豌豆（87-7）　中国农业科学院蔬菜花卉研究所引进品种。植株矮生，株高约42厘米，分枝1～2个。花白色，单株结荚10～12个。嫩荚淡绿色，圆棍形，无革质膜。荚长7～8厘米，宽、厚各1.2厘米，单荚重6～7克。荚脆嫩，荚和种子味甜。每荚有种子6～7粒。种子圆柱形，百粒重20克。早熟，从播种至嫩荚采收70天。丰产性好，适宜华北、华东、西南等地种植。

（6）内软1号　呼和浩特市郊区蔬菜研究所育成。株高15～25厘米，每株分枝3～5个。花白色，嫩荚绿色，无纤维，炒食味道鲜美，品质好。荚长5～6厘米，每荚5～6粒种子，每株结荚15～20个。籽粒白色，光滑，百粒重13.5克。耐寒，适应性强，成熟一致。适于内蒙古种植。一般4月上中旬播种，行距21厘米。株距7厘米，每公顷播种量75～112.5千克。注意防治潜叶蝇、造桥虫和白粉病。及时采收嫩荚。

（7）脆皮蜜　中国农业科学院原子能利用研究所育成。早熟矮生食荚甜豌豆品种。株高50～80厘米，花白色。每株结荚5～10个，鲜荚肉厚多汁，清脆香甜。每荚5～6粒种子。种子圆柱形，皮皱，黄绿色，百粒重18克左右。生育期90天，每公顷产青荚约22 500千克。在北京地区一般3月中下旬播种，行距30厘米左右，穴距10厘米，每穴播2～3粒种子，播种深度3～5厘米，每公顷播种量150～225千克。较耐脊薄。重施磷钾肥，生长期间需水较多，注意中耕除草。也适于温室和大棚栽培。

（8）春早豌豆　中国农业科学院蔬菜花卉研究所选育。极早熟品种。植株矮生，直立，株高约43厘米。花白色。青荚绿色，硬荚种，荚长7～8厘米，宽1.1厘米，厚1厘米，完熟种子淡绿色，皱缩。适于华北、华南、西南、华东等广大地区种植。北京地区3月上中旬播种，条播，行距33～35厘米，每亩用种量10～12千克。亩产青荚600～700千克。

（9）辽选1号豌豆　辽宁省经济作物研究所选育。早熟、高产、优质，菜、豆两用品种。无限结荚习性。株高50厘米左右，株型紧凑，分枝数2～3个。叶片浅灰绿色，附蜡质膜。花白色。节密，结荚多，嫩荚鲜绿色，成熟荚黄白色，成熟一致，不炸荚。荚长6厘米，单株荚数20个，单荚粒数7个左右，百粒重23克以上。干籽粒多为绿色皱缩型。生育期70天左右。抗逆性强，后期不早衰。正常年份平均干子实产量1 500千克/公顷，青荚5 000～6 000千克/公顷。粒大，味清香，口感好，品质优良，商品价值高。辽宁省大部分地区均可种植。一般春播作为上茬，下茬可接马铃薯、大白菜、青玉米等。也可在温室内种植，以常年供应豌豆苗，提高种植效益。

（10）天山白豌豆　新疆维吾尔自治区昌吉州农家品种。植株半蔓生，无限结荚习性。幼茎绿色，幼苗直立，复叶普通型，叶片绿色。株高80～90厘米，底荚高30～40厘米，茎粗0.2～

0.3 厘米，主茎节数 15～20，有效分枝数 2～3 个，单株荚数 20～30 个，单株粒数 90～110，百粒重 15～18 克。花白色，荚直形或马刀形，鲜荚绿色，顶端钝，成熟荚黄白色，硬荚。籽粒球形，表面光滑，粒色黄白色，种脐黄白色。生育期 80～90 天，早熟品种。一般产量 2 100～2 550 千克/公顷，中上等管理条件 2 700～3 000 千克/公顷，较高管理条件 3 150～3 450 千克/公顷。适宜新疆北部冷凉地区种植，以中等肥水为佳。（见彩图）

（11）定豌 1 号　甘肃省定西地区间旱地农业研究中心选育。植株半匍匐，茎秆粗壮，叶色鲜绿，幼茎绿色。花白色。硬荚，结荚位低。株高 50～70 厘米，主茎分枝数 9.2 个，单株结荚数 4.5 个，荚长 8～10 厘米，每荚粒数 5 粒，单株粒数 21.5 个，单株粒重 4.7 克。籽粒淡绿色，圆形，千粒重 193.5 克。成熟种皮白色。生育期 89 天，早熟品种。平均产量 154.5 千克/公顷。适宜甘肃中部豌豆产区种植。

2. 中熟品种

（1）久留米丰　中国农业科学院蔬菜花卉研究所从日本引进。植株矮生，高约 40 厘米。主茎 12～34 节，2～3 个侧枝，单株结荚 8～10 个。花白色。青荚绿色，硬荚种。荚长 8～9 厘米，宽 1.3 厘米，厚 1.1 厘米，单荚重 6.5～7.0 克，每荚有种子 5～7 粒。青豆粒深绿色，味甜，百粒重约 55 克。成熟种子淡绿色，微皱，百粒重约 20 克。丰产性好，品质佳。从播种至采收青荚 80 余天，鲜食加工兼用型品种。华北地区露地春播 3 月上旬播种，重施底肥。采用条播，行距 40 厘米，每公顷用种量 180～225 千克。开花结荚期注意加强肥水管理。

（2）中山青食荚豌豆　江苏省植物研究所选育。植株蔓生，株高 1.3～2 米。荚弯月形，长 6～8 厘米，宽 1.3～1.5 厘米，厚 0.8～1 厘米。嫩荚色深，质脆，味甜。成熟种子绿色，皱缩，百粒重 20 克。适应性强，对土壤要求不严。苏北、山东等地宜春播，适播期 3 月初。条播行距 50～60 厘米，株距 3～4 厘米；

穴播穴距30～40厘米，每穴播5～6粒种子。每公顷用种量75～120千克。开花结荚期加强肥水管理，及时搭架。注意防治蚜虫、潜叶蝇和豌豆象。

（3）食荚大菜豌1号　四川省农业科学院作物研究所选育。株高70～80厘米。茎叶绿色。花白色。荚翠绿，扁长形，荚皮无筋，脆甜可口。荚长12～16厘米，平均单荚重7～8克。种子圆形，暗白色，百粒重18克左右。适应性强，商品性好，中早熟。在吉林省从幼苗出土至嫩荚采收45～50天。抗病毒病和炭疽病能力较强。北方地区春播3月下旬至4月上旬播种，行距50～60厘米，株距20厘米左右，每穴2～3粒种子。施足底肥，开花时适当追肥。忌连作。

（4）延引软荚　吉林省延吉市种子公司选育。植株半蔓生，株高1.4～1.6米，侧枝1～2个。茎叶绿色，从植株中部开始连续结荚。花白色。荚果绿色，短圆棍形，嫩荚无筋、无隔膜，肉厚、味甜。种子绿色，椭圆形，表面皱缩。每荚有种子5～7粒，百粒重23克。适于吉林省各地栽培。4月末5月初播种，行距60厘米，株距25厘米，每穴3～4粒种子。出苗后及时铲耥，灌水1～2次。从出苗到嫩荚采收55～60天。

（5）台中11号　福建省农业优良品种开发公司从亚洲蔬菜研究发展中心引入。株高2米，节间短，分枝多。花白中带紫，大部分花序只结1荚。荚青绿色，扁形稍弯，长6～7厘米，宽1.5厘米，厚0.3～0.6厘米。种子黄白色，稍带浅红色。软荚脆嫩，味甜可口。耐寒，不耐热。从播种到初收70～80天。需支架。

（6）定豌2号　甘肃省定西地区间旱地农业研究中心选育。植株深绿，茎上有紫纹。叶绿。紫花。株高80厘米左右。第一结荚位适中。籽粒大而饱满，单株有效荚数4～6个，单荚粒数4～8个，千粒重207.0克。种皮麻，子叶黄色，粒型亚圆，种脐白色。抗根腐病。生育期91天，属中熟品种。高抗根腐病。

生产示范平均产量 2 166.0 千克/公顷。在甘肃定西地区大部分区域可作为主栽品种，特别是在根腐病重发区可取代当地种植的绿豌豆。

(7) 定豌 3 号　甘肃省定西地区旱农中心选育。叶色深绿。幼茎绿色。白花。第一结荚位低。株高 58.6 厘米。单株有效荚数 4.6 个，单荚，荚中等大小，单荚粒数 4.3 粒，单株粒数 19.8 粒，千粒重 224 克。种皮白色，子叶黄色，粒型光圆。生育期 91 天，属中熟品种。生产试验平均产量 2 167.5 千克/公顷。高抗（耐）根腐病。在甘肃中部大部分豌豆产区可作为主栽品种，特别是在根腐病重发区可以作为绿豌豆的替换品种。

(8) 定豌 4 号　甘肃省定西旱地农业研究中心选育。叶色绿，茎绿，白花。第一结荚位适中，株高 41 厘米，单株有效荚数 3.3 个，千粒重 227.4 克，单荚粒数 2.7 个，单荚、荚中等大小，硬荚。种皮白色，子叶黄色，粒型光圆。生育期 86 天，属中早熟品种。耐瘠薄，抗旱，产量高，品质好，综合农艺性状优。鲜食甜嫩爽口，品质佳，商品性好。在甘肃省定西地区及其同类豌豆产区均可种植，特别在根腐病重发区可作为抗病品种推广。

3. 晚熟品种

(1) 食荚甜脆豌 1 号　四川省农业科学院作物研究所选育。株高 70～75 厘米，生长势强。叶色深绿。白花。始荚节位低，节密荚多。鲜荚翠绿，一般长 8 厘米，荚形美观，肉厚。鲜豆粒近圆形，百粒重 53 克。干种子绿色，扁圆形，百粒重 29.9 克。鲜荚清香，味甜，品质佳。北方春播宜早，可采用地膜覆盖。一般行距 50～60 厘米，穴距 25 厘米，每穴播 3～4 粒种子，每公顷用种 60～75 千克。底肥应施过磷酸钙。可采用矮支架栽培。(见彩图)

(2) 大荚荷兰豆　自国外引进。植株蔓生。株高 2.1～2.5 米，侧枝 3～5 个。叶绿色，与茎相接部分紫红色。花紫红色，单生。荚淡绿色，长12～14厘米，宽3厘米，稍弯，表面凹凸不平，单荚重12.5克。荚脆嫩，清甜，纤维少，品质优。种子深褐色，种皮略皱，百粒重46克。不抗白粉病。生长期长，适合秋冬季栽培。畦（2米宽）栽2行，株距7～10厘米。需支架。

（3）晋软3号　山西农业大学选育。株高1.5～2米。叶浅绿，节间长，分枝性强。每株结荚9～11个。花白色。荚黄绿色，长8～10厘米，宽2～2.5厘米。荚稍弯曲，凹凸不平，无革质膜。荚、豆兼用，嫩荚脆甜，品质极佳。晚熟。

四、豌豆设施栽培技术

（一）塑料大棚栽培

北方地区近几年开始在保护地栽培豌豆、荷兰豆，一方面可以提早或延后上市，另一方面设施栽培适合荷兰豆生长发育，豆荚更鲜嫩脆甜、品质好，收获期延长，产量也高。

1. 春早熟栽培　塑料大棚春早熟栽培一般选用蔓生或半蔓生长品种，有时也栽培甜豌豆。以抗病、优质、丰产品种为首选，同时配合不同熟性的品种，以便分期分批采收上市。

（1）培育壮苗　早春温度低，大棚一般在2月中下旬才适合豌豆的生长。为提早采收上市，可采用先在加温温室或节能型日光温室中提前育苗的方法，待大棚中的温度适宜时再定植。

播种时期：早春育苗的苗龄需30～35天，当幼苗具有4～6片真叶时定植。豌豆的根再生能力较弱，不易发新根，而且随苗龄增大，再生能力减弱。所以根据苗龄和定植期来推算，育苗时间大约在1月上中旬。

育苗方法：可采用塑料钵育苗，也可采用营养土方育苗。配制营养土可将腐熟马粪、鲜牛粪、园土、锯末或炉灰按3∶2∶2∶3的比例混匀，每1 000千克再加入硝酸铵0.5千克、过磷酸钙10千克、草木灰15～29千克。将营养土装入营养钵或铺在苗床上，播种前打足底水，苗床按 10 厘米×10 厘米见方划格做成土方。一般采用干籽直播，在塑料钵或营养土方中间挖孔播种，每孔 3～4 粒，播后覆 3 厘米细土保墒。为提高地温、利于出苗，播种后的苗床上再覆盖塑料薄膜。

苗期管理：播种后正处于最寒冷的季节，苗期管理应重在防寒保温。以 10～18℃最适于出苗，低于 5℃时出苗缓慢，且不整齐，高于 25℃发芽太快、苗瘦弱。出苗后适当降温，白天保持 10℃左右。2 片真叶后，提高温度至白天 10～15℃，夜间 5℃以上。定植前一周降温炼苗，以夜间不低于 2℃为宜。

苗期一般不浇水，也不用间苗、中耕，但要倒换位置 1～2 次，即前排倒后排，后排倒前排，以使苗生长一致。

（2）定植

整地、施肥、扣棚、作畦：春大棚栽培一般应在秋冬茬收获后深翻，每公顷施入有机肥 37 500 千克、过磷酸钙 450 千克、草木灰 750 千克、硝酸铵 225 千克。一般作成宽 80 厘米的畦，中间栽 1 行或 2 行（1.2 米宽的畦），穴距以 15～20 厘米为宜。

定植：当棚内最低气温在 4℃左右时即可定植。先按行距开沟灌水，再按株距放苗，水渗下后封沟。也可开沟后先放苗，覆土后灌明水或按穴浇水。早春温度低，灌水不要太大。为提高棚温，定植后可加盖小拱棚或二层保温幕。

（3）定植后的管理 定植后一般密闭大棚，当棚内温度超过 25℃时，中午可进行短时间通风适当降温。缓苗后可加大通风，使棚内温度保持在白天 15～22℃，夜间 10～15℃。如定植水充足，定植后至现蕾前一般不需浇水施肥。比较干旱时，可在适当时候浇一小水。缓苗后及时中耕培土，适当蹲苗。直至现蕾前结束蹲苗，其间中耕培土 2～3 次。现蕾后浇头水，并随水施入粪稀、麻酱渣等有机肥。蔓生品种浇水后要及时插架引蔓。

进入开花期应控制浇水，以免落花。待初花结荚后开始浇水施肥，促进荚果膨大。之后每隔 10～15 天浇水施肥一次。进入结荚期，气温逐渐升高，要注意通风换气降温，保持白天15～20℃，夜间12～15℃。当白天外界气温达15℃以上时可放底风，当夜间最低气温不低于15℃时，可昼夜放风。气温再高时，可去掉大棚四周薄膜，但不可去掉顶棚，否则处于露地条件下，植株迅速衰老，豆荚品质下降。

蔓生和半蔓生品种均需搭架，并需人工绑蔓、引蔓。发现侧枝过多，可适当打掉一些，以防营养过旺。分枝能力弱的品种，可在适当高度打掉顶端生长点，促进侧枝萌发。

（4）采收　食荚品种在开花后8～10天即可采收嫩荚。也可根据市场情况适当提前或延后采收。

2. 秋延后栽培　秋延后栽培是利用豌豆幼苗适应性强的特点，在夏秋播种育苗，生长中后期加以保护，使采收期延长到深秋的栽培方式。

（1）栽培时期　华北地区一般7月份直播或育苗，9月份开始采收，11月上中旬拉秧。以蔓生和半蔓生品种为宜，根据前茬作物拉秧早晚选择不同熟性的品种。

（2）直播方法及苗期管理

施肥作畦：前茬作物拉秧早时，每公顷施入有机肥75 000千克，后深翻、作畦。分枝多、蔓生种作成1.5米宽的畦，播1行；分枝弱、半蔓生种作成1米宽的畦，播1行。播种时沟施过磷酸钙50千克/公顷；前茬作物拉秧较晚时，可在其行间就地直播，前茬拉秧后再开沟补施基肥。

种子处理及播种密度：夏季高温期播种一般花芽分化节位较高，所以常采用种子处理的方法促进花芽分化提早，且节位低。种子处理方法：播种前浸种20小时，沥干后放入0～5℃的环境中，2小时翻动一次，10天后种子即可通过春化阶段。直播时应先浇水，待湿度适宜时播种。穴距20～30厘米，每穴3～4粒种子。也可采用条播，但应控制好播种量，防止过密。

播后管理：播种时大棚只保留顶膜防雨。出苗后立即中耕，促进根系生长，并严格控制肥水。整个苗期一般要中耕培土2～3次，适当蹲苗。植株开始现蕾时浇水。

(3) 育苗方法及苗期管理　前茬拉秧较晚时可采取育苗移栽的方法，通常在7月中下旬育苗。选择通风排水良好的地块做成苗床，浇足底水，施足底肥，一般苗期不再浇水施肥。按10厘米×10厘米的穴距播种，每穴3、4粒种子。为遮光降温、防止雨淋，应搭设荫棚。8月份定植，苗期20～25天。

(4) 田间管理　定植后2～3天浇缓苗水，然后中耕蹲苗，以后管理与直播相同。现蕾时浇一次水，每公顷施入硫酸铵225千克，中耕培土并及时插架。当部分幼荚坐住并伸长时，开始加强肥水管理，隔7～10天浇水一次，隔一水追施粪稀或化肥一次。10月上旬后减少浇水并停止施肥。

9月中旬以后，当夜间温度降到15℃以下时，可缩小通风口，并不再放夜风，白天超过25℃才放风。10月中旬以后，只在中午进行适当放风，当外界气温降到10℃以下时，不再放风。早霜来临后，应加强防寒保温，大棚四周围上草帘等，尽量延长豌豆的生长期和采收期。

(5) 采收　前期温度较高，应适当早采，促进其余花坐荚及小荚发育；后期温度低，豆荚生长慢，应适当晚采，市场价格更好。

(二) 日光温室栽培

1. 早春茬栽培

(1) 确定播种期　日光温室早春茬豌豆栽培的供应期应在大棚春早熟之前，所以播种期的确定应根据供应期、所用品种的嫩荚采收期长短来推算，也要视前茬作物拉秧早晚而定。前茬一般为秋冬茬茄果类、瓜类或其他蔬菜，拉秧时间大约在12月上中旬至翌年2月初，因此日光温室早春茬播种期应在11月中旬至12月下旬，12月下旬至2月上旬定植，收获期则在2月初至4月下旬。因苗期正处于最寒冷季节，育苗应在加温温室或日光温室加多层覆盖条件下进行。

（2）育苗及苗期管理　采用塑料钵或营养土方育苗，每钵2～4粒种子。4～6天后出苗，每穴留2株。培育适龄壮苗是栽培成功的重要环节之一。苗龄过小，影响早熟；苗龄过大，植株容易早衰或倒伏，影响产量。适龄壮苗标准是4～6片真叶，茎粗节短，无倒伏现象。苗龄一般25～30天。

（3）定植

整地施肥：温室栽培植株高大，根系分布较深，应深翻25厘米以上。每公顷施入优质农家肥75 000千克、过磷酸钙750千克、草木灰750千克。混匀耙平之后作成1米宽的畦，栽1行，或1.5米宽的畦栽2行。

定植方法：营养土方育苗时，应在定植前3～5天起坨屯苗，塑料钵育苗时可随栽随将苗子倒出。定植时先在畦内开12～14厘米深的沟，边浇水边将带坨的苗栽入沟内，水渗下后封沟覆土、耙平畦面。一般单行定植时穴距15～20厘米，双行定植时20～25厘米。

（4）定植后的管理

温度管理：缓苗期间温度应略高，从定植至现蕾开花前，白天保持20℃左右，超过25℃开始放风。夜间保持10℃以上。进入结荚期，白天温度以15～18℃、夜间12～16℃为宜。随外界温度升高，主要掌握放风时间和放风量大小，维持正常的温度。

肥水管理：定植时浇足底水，现蕾前一般不再浇水，靠中耕培土来保墒。现蕾后浇一次水，并施入复合肥225～300千克/公顷，然后进行浅中耕。开花期控制浇水，第一批荚坐住并开始伸长时，肥水齐放。结荚盛期一般10～15天浇一次肥水，每次施入复合肥225～300千克/公顷。直到拉秧前15天停止施肥，拉秧前7天停止浇水。

此外，在苗期、初花、盛花、初采期各叶面喷一次0.2%磷酸二氢钾和0.3%钼酸铵混合液。蔓生品种在蔓长20～30厘米时及时插架，并绑缚引蔓。阴雨天较长时，落花落荚严重，可用防落素 5 毫克/千克喷花。必要时适当整枝。

2. 秋延后栽培

（1）品种选择　日光温室秋延后栽培以选择既耐寒又耐热的早熟矮秧品种为宜，因为高秧晚熟品种结荚晚，采收期短，且易倒伏，病害较重。

（2）播种期确定　根据所选品种的生育期和豌豆对生长温度的要求，一般播种期在 8 月初为宜，10 月上旬至翌年 1 月收获。

（3）种子处理及播种　播种前浸种 20 小时，沥干后放入0～5℃的环境中，2 小时翻动一次，10 天后种子即可通过春化阶段。为预防病毒病，可在催芽前用 10%磷酸三钠浸种 20～30 分钟，用清水洗净后再催芽。所选地块每公顷施入有机肥 60 000 千克、过磷酸钙 300 千克，以及适量钾肥。一般采用直播，行距 50 厘米，株距 30 厘米，每穴 3 粒种子。

（4）田间管理　温室内最低气温不低于 9℃时应全天大放风，防止因温度高而徒长或病毒病发生。进入 10 月以后，气温逐渐下降，要逐步减少通风，使温度维持在 9～25℃，并保持空气相对湿度 80%～90%。11 月以后密闭温室，夜间加盖草苫，加强保温。

播种后应多次中耕松土，促进通气，防止土壤板结和沤根。现蕾前浇小水，并追施尿素 2 次，每次 225 千克/公顷，浇水后松土保墒。从现蕾至第 3 个荚果采收，停止浇水，进行蹲苗。蹲苗后加强肥水管理，并增施磷钾肥。结荚盛期温度较低，适当减少浇水次数和浇水量，保持土壤湿润，切忌大水漫灌。另外，在开花前和花后 20 天各喷一次喷施宝，可提高产量。

3. 冬茬栽培

（1）播种时期　日光温室豌豆冬茬栽培以供应元旦至春节以及早春一段时间为目的，所以播种期应早于早春茬，晚于秋冬茬。一般在10月上中旬播种育苗或直播，11月上旬定植，12月下旬至翌年3月下旬收获。

（2）育苗　育苗方法基本同大棚春早熟栽培。因育苗时温度还比较高，所以苗期管理以低温管理为主，白天保持10～18℃。定植前降低到2～5℃，保持3～5天时间，使其通过春化阶段，提早进行花芽分化。

（3）定植　每公顷施入优质农家肥75 000千克，深翻耙平。作畦时每公顷再沟施过磷酸钙750～1 125千克、硫酸钾300～375千克。按1.5米宽、南北向作畦。定植时在畦中间开10～15厘米深的沟，按穴距20～22厘米栽苗，每穴3～4棵。栽后浇水覆土。

（4）定植后管理　定植后至现蕾前，白天温度不超过30℃，夜间不低于10℃。整个结荚期以白天15～18℃，夜间12～16℃为宜。

豌豆苗高20厘米时出现卷须应立即支架。一般搭单排支架，并用塑料绳绑缚。中耕只在搭架前进行，搭架后不再中耕。一般浇缓苗水后划锄松土，搭架前再中耕一次。

定植时温度较低，一般浇水较少，应浇缓苗水，浇水大小视墒情而定。现蕾前不浇水施肥，当第一花已结荚、第二花刚谢时适时浇水施肥。冬茬栽培用水量不大，大约15天左右浇一水，并随水施入复合肥225～300千克/公顷。浇水量不宜过大，否则会引起落花落荚。

（5）防止落花落荚　进入开花盛期，如落花严重，可用防落素5毫克/千克喷花，同时注意放风，调节好温湿度。

（三）甜豌豆反季节栽培保苗技术

甜豌豆是豌豆的一个变种，属半寒性植物。其豆荚肥圆、甜脆、营养丰富、口感好，是一种高档菜用豌豆新品种。早秋种植甜豌豆，由于苗期处于高温、高湿环境，加上病虫害严重，稍不注意便会造成严重死苗。因此，前期能够保住苗、保齐苗，已成为成功种植甜豌豆的重要保障。

1. 适时播种 甜豌豆苗期能承受一定高温，但日平均气温超过25℃、白天最高气温超过32℃，幼苗则容易死亡。因此，应根据纬度和海拔高度确定播种期。海拔600～700米，7月15～20日播种；海拔500～600米，7月下旬播种；海拔400～500米，8月上旬播种；海拔300～400米，8月上中旬播种；海拔200～300米，8月中下旬播种。

2. 基肥不能集中施 早秋种植反季节甜豌豆，前期幼苗生活力弱，根系吸肥能力低，基肥若集中施于播种沟，由于肥料浓度高，加上经堆沤的有机肥不够腐熟，在腐熟过程中会过热，容易烧死幼根幼苗。因此，基肥应全层施，即于土地犁翻耙后全田均匀撒施，施肥后再轻耙一次，然后按规格起畦。

3. 注意播种深度 甜豌豆种子的糖分含量较荷兰豆高，顶土能力较荷兰豆弱，应注意播种深度。播种太深或盖土太厚，会造成烂根死苗。以选择沙壤土的田块种植，犁后耙碎、耙平，于畦中间开浅沟播种，播后覆土2厘米即可。

4. 苗期水分管理 苗期一般不能灌水，主要靠淋水保持田间湿润状态。种植地块应开好环田沟、十字沟，沟沟相通，以利贮水和淋水。出苗后，早晚各淋一次薄水，对降温保苗有作用。

5. 追肥以薄轻为原则 幼苗粗壮则抗御高温和不良环境的能力强，反之则弱。苗期不能偏施氮肥，也不能重施肥，以免造成幼苗徒长、组织柔软，降低对高温的抵抗能力。幼苗期一般是在出苗后3～4天进行第一次追肥，亩淋施尿素2～3千克。第一次追肥后6～7天进行第二次追肥，亩淋施复合肥4～5千克。

6. 高温后中耕除草 中耕除草是甜豌豆的丰产栽培技术之一，应在高温阶段后进行。高温阶段一般不进行中耕除草。高温期间中耕除草往往造成土表温度增加，也会损伤部分幼苗的根系，造成大量死苗。有些农户为了降低地温，在畦的两边种植一些叶菜类蔬菜，这一措施对降温保苗是可行的。

（四）高山反季节荷兰豆栽培

1. 土壤选择 荷兰豆喜湿润、耐肥，土壤要求保水保肥能力较好，土层较深厚，排灌方便，阳光充足，肥力中上的壤土或沙壤田最适宜。

2. 确定播期 高山反季节荷兰豆种植区海拔都在 500 米以上。海拔 500～600 米，应在 8 月 1 日至 5 日播种；海拔 600～700 米，应在 7 月 25 日至 8 月 1 日播种。充分利用海拔高、夏季气候冷凉优势，尽量早播种，争取在前期价格较高时早产豆、多产豆，提高种植效益。

3. 合理密植 荷兰豆应以高畦单行种植为好，有利通风、管理和采摘。种植规格，按连畦带沟 1.2 米进行翻犁，然后整成宽 70 厘米左右、高 40 厘米的高畦。在畦顶中间开一条 2 厘米的浅沟，然后按 10 厘米为一穴播种，每穴播 3 粒种子，保证每亩用种量 3 千克。播种后用细碎本田土盖种，厚度应控制在 2 厘米以内，提高出苗率。

4. 重施深施基肥 秋种荷兰豆，幼苗处在高温阶段，生活力弱，根系吸肥能力低，如果基肥施得过浅，易造成烧死幼根、幼苗，要求基肥要深施重施，即翻犁后，在畦中间先开一条深沟，亩施腐熟猪牛粪有机肥 1 000 千克左右、含硫复合肥 50 千克后再整畦。

5. 苗期至始花期管理

（1）土壤湿润保齐苗 荷兰豆出苗对水分要求较严。过湿，容易烂种；过干，则种子不能吸涨出苗。要求播种后，排灌方便的田块要灌 1/3 沟深的水，让其自然落干；灌水较难的田块播种后 4 天内每天傍晚浇一次水。这样，一般 4 天可出苗。

（2）防病控虫保全苗 秋种由于气温高，播种出苗后，只要湿度适宜，一般 2 天长一片叶，出叶速度快，要做好病虫防治。

同时，高温高湿易发生根腐病、茎腐病。要求分别在3叶期、6叶期、9叶期用1 000倍敌克松或1 000倍多菌灵、托布津，3 000倍绿亨一号等农药轮换使用。防治豆秆蝇可用宝丰、快杀、锐颈特等杀虫剂轮换使用。

（3）科学施肥促壮苗　可结合施药防病时进行施肥。在3叶期，亩用人粪尿40～50千克加浸过磷酸钙5千克，兑水500千克稀释后施用；6叶期、9叶期用进口复合肥5千克、尿素1千克，兑水500千克灌施。

（4）及时插竿促攀延　当苗长到5叶时，应及时插竿。竿最好选两种，一种是小竹篾，一种是2米多高的大插竿。两种插竿交替插在一起，有利前期引蔓上架。

6. 花荚期管理

（1）及时中耕，重施花荚肥　秋种荷兰豆长到14叶后进入始花期，此时植株与根系生长也很旺盛，应及时中耕除草促生长。中耕结合施肥，亩用进口复合肥20～25千克、硫酸钾10千克作为花荚肥。

（2）加强测报，及时防病防虫　进入花荚期后，田间茎叶密度大，要勤检查、早发现病虫害。这个时期主要病害是白粉病，可用粉锈宁、百菌清、多菌灵等杀菌剂轮换使用。主要虫害有潜叶蝇、蚜虫等，可用宝丰、大功臣、锐劲特等农药防治。

（3）加强水肥管理　整个花荚期应经常灌跑马水，保持土壤湿润，一般情况下还可保持沟中有少量水。采荚期，每采一次喷施硼肥0.25千克、磷酸二氢钾0.25千克，兑水50千克，每采摘两次亩用含硫进口复合肥5千克、尿素1千克，兑水500千克，穴施。

（4）适时采收，保证质量　一般要求豆荚长直、扁平、饱满不露仁、鲜嫩青绿，荚长8～10厘米，荚宽1.2～1.5厘米，厚0.3～0.35厘米，平均单荚重2.5克左右，无斑点、无虫口、无损伤时及时采摘。采摘豆荚一般在上午进行。

五、豌豆常见病虫害与防治

（一）豌豆常见病害与防治

1. 豌豆白粉病 由子囊菌亚门豌豆白粉菌引起的真菌病害，日暖夜凉多湿环境易发生。病菌以闭囊壳在遗落地表的病残体上越冬，翌年子囊孢子借气流和雨水传播。地上部各部位均可受害，保护地栽培发生更为严重。发病初期叶正面呈白粉状淡黄色小点，后扩大成不规则粉斑，以至连成一片，并使叶正、背面覆盖一层白色粉末。发病后期粉斑上产生大量黑色小粒点，进而全叶枯黄，茎蔓干缩（见图9豌豆白粉病病田及病荚部症状）。

白粉病在白天温暖干燥、夜间冷凉结露的条件下发病最重。分生孢子萌发的最适温度为20℃，萌发和侵染不需要自由水，但空气潮湿能够刺激萌发。如果土壤干旱或氮肥施用过多，植株抗病力降低，也容易发病。

防治方法：

（1）种植抗病品种。

（2）收获后及时清除病残体，集中烧毁或深埋，减少初次侵染源。

（3）加强栽培管理，合理密植；多施磷钾肥，增强植株抗性。

（4）病害始发期前后可用25%粉锈宁可湿性粉剂2 000倍液或50%苯菌灵可湿性粉剂1 500倍液喷雾，重病田隔7～10天再喷一次。

2. 豌豆霜霉病 在我国南方及西北豌豆种植区有发生，局部地区造成危害。一般在气温20～24℃的雨季阶段易引起该病流行（见图10豌豆霜霉病症状，示叶托背面和茎秆霉层）。

防治方法：

（1）选用抗病品种。

（2）使用无病种子。

（3）与非寄主作物实行轮作，减少初侵染源；收获后及时清除病残体，集中烧毁，耕翻土地；加强栽培管理，合理密植，降低田间湿度。

（4）用25％甲霜灵可湿性粉剂，以种子重量的0.3％拌种；发病初期用90％乙磷铝可湿性粉剂500倍液或72％克露可湿性粉剂800～1 000倍液、72％普力克水剂700～1 000倍液、69％安克锰锌可湿性粉剂1 000倍液等喷雾。

3. 豌豆褐斑病　在我国各豌豆种植区均有发生，是豌豆生产中普遍发生的病害，可造成一定的产量损失。温暖、潮湿多雨的天气有利于病害的发生与蔓延（见图11 豌豆褐斑病，示叶和荚病征）。

防治方法：

（1）使用健康无病种子，用杀菌剂处理种子。

（2）种植抗病品种。

（3）实行轮作。

（4）收获后及时清除病残体。

（5）发病初期喷施75％百菌清可湿性粉剂600倍液或50％多菌灵可湿性粉剂600倍液、70％代森锰锌可湿性粉剂500倍液、53.8％可杀得2 000干悬浮剂1 000倍液、45％晶体石硫合剂250倍液，隔10天左右一次，连续2～3次。

4. 豌豆褐纹病　广泛发生在我国豌豆豆种植区，是豌豆生产中重要病害之一。一般造成15％～20％的产量损失，严重时减产高达50％。田间湿度大、倒春寒、低温环境、田间管理差常导致发病重。病菌以菌丝体附着种子越冬，随种子发芽侵入幼苗发病。开花结荚期多雨，发病重；低洼地、黏重地、氮肥过多、幼苗受冻，易发病。叶、茎、荚均可发病。叶片病斑圆形，周围淡褐色，中央黑褐色至紫黑色，并产生轮纹；近地部茎发病，产生椭圆形黑褐色斑，中部稍凹陷，斑上产生小黑粒点；豆荚症状与茎部相似。荚上病斑侵染种子，使其表面产生不规则形斑纹（见图 12 豌豆褐纹病，示叶部病征和茎部坏死）。

防治方法：同褐斑病。

5. 豌豆链格孢叶斑病 普遍发生在我国各豌豆种植区，是豌豆常见病害之一，对生产有一定影响（见图 13 豌豆链格孢叶斑病症状）。

防治方法：收获后及时清除田间病残体，深翻土壤，促使病残体腐烂，消灭菌源；合理密植，使植株间通风透光，提高抗病性；实行 3 年轮作。

6. 豌豆丝囊菌根腐病 主要发生在福建、江苏、甘肃和青海，对局部豌豆生产有一定影响。全生育期都能被侵染，如果土壤中病菌数量大、土壤潮湿，播后 10 天地上部就可出现症状，在 22～28℃时症状发展迅速。病部产生的卵孢子存于土中，遇水后释放游动孢子，从幼茎或根部侵染。幼苗期遇多雨、低温、土壤水分高，易发病；重茬、低洼地发病重。主要在幼苗期发病。初期在茎基部呈水浸状，不久病部缢缩、倒伏。下部叶变黄、干枯，主根变褐腐朽。病较轻时虽可继续生长，但生长缓慢（见图 14 豌豆丝囊菌根腐病病田及发病植株韧皮部症状）。

防治方法：

（1）选用抗病、耐病品种。

（2）与禾本科等非寄主作物轮作，可减轻病害的严重程度；适时播种，控制植株密度，雨后及时排水，降低土壤湿度。

（3）用种子重量 0.3％的 25％甲霜灵拌种或包衣。

7. 豌豆病毒病 病毒病种类较多，且发生重。受害重时结荚少，褐斑粒多，不但影响产量，而且常因斑粒而降质、降价。

危害程度受品种、温度等条件、病毒株系或致病型影响。主要症状有：叶片背卷，植株畸形，叶片褪绿斑驳、明脉、花叶，且植株矮缩；如果是种子带毒引起的幼苗发病，症状则比较严重，导致节间缩短、果荚变短或不结荚；病株所结子粒的种皮常发生破裂或有坏死的条纹，晚熟；有时一些品种被侵染后不表现症状。一般情况下，中熟品种较早熟品种发病程度重（见图15 豌豆种传花叶病毒侵染后的花、叶、种子）。

病毒通过机械摩擦、蚜虫和种子传播。在一些豌豆品种的种传率高达100%，种皮开裂型豌豆种传率（33%）明显高于正常种皮品种（4%）。在一些品种上病毒还可以通过花粉传播（传播率0.85%）。病害在田间通过蚜虫传播（19种蚜虫），非持久或半持久性传毒。种子带毒和来自其他越冬带毒寄主的蚜虫是最主要的田间发病初侵染源。带毒种子形成病苗，经过蚜虫传播，能引起大量植株发病。20～25℃病害发展迅速，温度略高、气候干旱，则有助于蚜虫种群快速增长和蚜虫在田间迁飞，利于病毒病扩散。

防治方法：

（1）种植无病毒侵染的健康种子，可有效控制初侵染源。

（2）种植抗病品种。

（3）在田间出现蚜虫后，及时喷施杀虫剂，控制蚜虫种群和迁飞。但对病害的稳定控制效果不显著。

（二）豌豆常见虫害与防治

1. 蚜虫类　常见的有豆蚜（苜蓿蚜、花生蚜）、豌豆蚜、桃蚜（烟蚜、桃赤蚜、菜蚜、腻虫）等，广泛分布于全国各蚕豌豆产区（见图16 豆蚜、豌豆蚜和桃蚜）。

防治方法：

（1）喷施50%辟蚜雾可湿性粉剂2 000倍液或10%吡虫啉可湿性粉剂2 500倍液、绿浪1 500倍液。

（2）保护地可采用高温闷棚，即5、6月份作物收获后，用塑料膜将棚室密闭4～5天，消灭其中虫源。

2. 潜叶蝇类　豌豆潜叶蝇又称叶蛆、夹叶虫、豌豆植潜蝇等。以幼虫潜叶内曲折穿行食叶肉，留下上下表皮。造成叶片枯萎，影响产量和品质。常见的有南美斑潜蝇（拉美斑潜蝇）、美洲斑潜蝇（蔬菜斑潜蝇）、豌豆潜叶蝇（油菜潜叶蝇、豌豆彩潜蝇、叶蛆、夹叶虫）等。

成虫体长2～3毫米，暗灰色，翅1对，半透明，具紫色闪光。卵0.3毫米，长椭圆形，乳白色。幼虫蛆状，体长2.9～3.5毫米。蛹长2.5毫米，长椭圆形，略扁，黑褐色。在北方一年发生4～5代，以蛹越冬。

防治方法：应重视农业防治，早春清除菜田杂草和带虫的老叶；诱杀成虫；药剂防治在菜叶开始见隧道时第一次用药，以后每隔7～10天一次，2～3次即可。在成虫盛发期或幼虫潜蛀时，选择兼具内吸和触杀作用的杀虫剂，如90%晶体敌百虫1 000倍液或2.5%功夫乳油4 000倍液、25%斑潜净乳油1 500倍液，喷雾。在受害作物单叶片有幼虫3～5头时，掌握在幼虫2龄前，上午8～11时露水干后幼虫开始到叶面活动或老熟幼虫从虫道中钻出时，喷施25%斑潜净乳油1 500倍液或1.8%爱福丁乳油3 000倍液。

释放姬小蜂、反颚茧蜂、潜蝇茧蜂，对斑潜蝇寄生率较高。

3. 螨类 常见的有朱砂叶螨（棉花红蜘蛛、红叶螨）、茶黄螨。

防治方法：消灭越冬虫源，铲除田边杂草，清除残株败叶。喷药重点主要是植株上部嫩叶、嫩茎、花器和嫩果，注意轮换用药。可选用35%杀螨特乳油1 000倍液或48%乐斯本乳油1 500倍液、0.9%爱福丁乳油3 500～4 000倍液、20%螨卵脂800倍喷雾，兼防白粉虱可选用2.5%天王星乳油喷雾。

4. 夜蛾科害虫 常见的有豆银纹夜蛾（豌豆造桥虫、豌豆黏虫、豆步曲）、斜纹夜蛾、甘蓝夜蛾、甜菜夜蛾（贪夜蛾）、苜蓿夜蛾（大豆夜蛾、亚麻夜蛾）以及棉铃虫等。

防治方法：

（1）秋末初冬耕翻田地，可杀灭部分越冬蛹；结合田间操作摘除卵块，捕杀低龄幼虫。

（2）幼虫3龄前为点片发生阶段，用药挑治，不必全田喷药，4 龄后夜出活动，施药应在傍晚前后进行。可喷施 90%晶体敌百虫 1 000 倍液或 20%杀灭菊酯乳油 2 000 倍液、5%抑太保乳油 2 500 倍液、5%锐劲特悬浮剂 2 500 倍液、15%菜虫净乳油 1 500 倍液等，10 天喷施一次，连用 2～3 次。

（3）喷施含量 100×10^8 孢子/克的杀螟杆菌或青虫菌粉 500～700 倍液。

5. 蝽类害虫　常见的有红背安缘蝽、点蜂缘蝽、苜蓿盲蝽、牧草盲蝽、三点盲蝽和拟方红长蝽等。

防治方法：

（1）冬季结合积肥清除田间枯枝、落叶、杂草，及时堆沤或焚烧，可消灭部分越冬成虫。

（2）在成虫、若虫危害盛期，选用 20%杀灭菊酯 2 000 倍液或 21%增效氰马乳油 4 000 倍液、2.5%溴氰菊酯 3 000 倍液、10%吡虫啉可湿性粉剂、20%灭多威乳油 2 000 倍液、5%抑太保乳油、25%广克威乳油 2 000 倍液、2.5%功夫乳油 2 500 倍液、43%新百灵乳油（辛氟氯氰乳油）1 500 倍液等喷雾（1～2 次）。

6. 地老虎

（1）早春铲除田边杂草，消灭卵和初孵幼虫；春耕多耙或夏秋实行土壤翻耕，可消灭一部分卵和幼虫；当发现地老虎危害根部时，可在清晨拨开断苗的表土，捕杀幼虫。

（2）用黑光灯诱杀成虫。

（3）在幼虫 3 龄以前选用 90%晶体敌百虫或 2.5%功夫乳油、20%杀灭菊酯乳油 3 000 倍液喷雾。

7. 豌豆象　豌豆象俗称豆牛。幼虫蛀食豆粒，造成中空，品质下降，种子发芽受影响。

防治方法：选用早熟品种，避开成虫产卵盛期；进行种子处理，种子脱粒后暴晒几天；豌豆开花前期进行田间防治，可选用 90%晶体敌百虫或 2.5%功夫乳油、20%杀灭菊酯乳油 3 000 倍液、2.5%天王星乳油3 000倍液喷雾，7天后再喷一次，最好连续3次；在豌豆收获后半个月内，将脱粒晒干的籽粒置入密闭容器内，用溴化烷35克/米^3 熏蒸（15℃）72小时。

参考文献

陈新，袁星星，顾和平，等.2009. 江苏省食用豆生产现状及发展前景.江苏农业科学.2009（5）：4-8.

程须珍，王述民，等.2009. 中国食用豆类品种志.北京：中国农业科学技术出版社.

王晓鸣，朱振东，段灿星，等.2007. 蚕豆豌豆病虫害鉴别与控制技术.北京：中国农业科学技术出版社.

杨晓明，任瑞玉.2005. 国内外豌豆生产和育种研究进展.甘肃农业科技，（8）：3-5.

袁星星，陈新，陈华涛，等.2010. 中国南方菜用豌豆新品种及高产栽培技术.作物研究，24（3）：192-194.

袁星星，崔晓艳，顾和平，陈华涛，张红梅，陈新.2011. 菜用荷兰豆新品种苏豌1号及高产栽培技术.金陵科技学院学报，27（1）：48-50.

运广荣.2004. 中国蔬菜实用新技术大全：北方蔬菜卷.北京：北京科学技术出版社.

宗绪晓.1989. 国内外豌豆育种概况及国内育种展望.农牧情报研究，（10）：6-12.

邹学校.2004年.中国蔬菜实用新技术大全：南方蔬菜卷.北京：北京科学技术出版社.

第六章

扁豆设施栽培

扁豆，别名藊豆、南扁豆、沿篱豆、蛾眉豆、鹊豆、面豆、凉衍豆、羊眼豆、膨皮豆、茶豆、南豆、小刀豆、树豆、藤豆、铡刀片，以鲜豆荚或成熟豆粒供食用。扁豆为典型的短日照作物，花果期7～9月，在南方栽培较多。在华北及北部地区栽培时，越至秋末日照缩短豆荚越多。按豆荚颜色分，有白扁豆、青扁豆和紫扁豆；按籽粒颜色分，有白、黑紫3种；按花的颜色分，有白花扁豆和红花扁豆，以白花、白籽的白扁豆品质最佳。

一、扁豆生物学特性

扁豆为多年生或一年生缠绕藤本植物。茎蔓生。小叶披针形，顶生小叶菱状阔卵形，侧生小叶斜菱状，阔卵形，长6～10厘米，宽4.5～10.5厘米，顶端短尖或渐尖，基部宽楔形或近截形，两面沿叶脉处有白色短柔毛。总状花序腋生，花2～4朵，丛生于花序轴的节上；萼上部2齿近完全合生，其余3齿近相等；花冠白色或紫红色，旗瓣基部两侧有2附属体；子房有绢毛，基部有腺体，花柱近顶端有白色髯毛。荚果长椭圆形，扁平，微弯。种子呈扁椭圆形或扁卵圆形，平滑，略有光泽，一侧边缘有隆起的白色眉状种阜，长8～13毫米，宽6～9毫米，厚约7毫米，白色或紫黑，质坚硬，种皮薄而脆，子叶2，肥厚，气微，味淡，嚼之有豆腥气。嫩荚供食用，炒食、煮食，有特殊的香味，也可腌制、酱制、做泡菜或干制。种子、种皮和花可入药，有消暑除湿，健脾解毒等功效。

二、扁豆主要品种类型及分布

1. 徐泾白扁豆　上海青浦县徐泾乡地方品种。植株蔓生，长4～5米。三出复叶，叶绿色。花白色，多簇生。嫩荚扁平稍弯，绿色，荚长约10厘米，宽约2.5厘米，每荚含籽3～5粒。种子白色，皮薄，糯性，品质佳。一般4月中下旬播种，7月至10月下旬采收嫩荚。亩产鲜扁豆1 000～2 000千克。

2. 红面豆　广东省地方品种，已栽培70余年。植株蔓生，分枝性强。茎紫红色，小叶深绿色，叶脉及叶柄紫红色。花及花枝均紫红色。每花序11～15朵花，结3～5荚。荚紫红色，长9厘米，宽2厘米，稍弯曲。种子扁圆，黑褐色。晚熟。结荚期长，3～4月播种，9月至翌年4月收获。

3. 白花面豆　广东省地方品种，已有近百年的历史。植株蔓生，分枝性强。茎青绿色，小叶卵圆形，绿色。花白色，每花序有10～20朵花，结3～7荚。荚长9厘米，宽2厘米，蜡白色，稍弯曲。种子扁圆形，褐色。早熟。3～4月播种，9月至翌年4月收获。

4. 红荚扁豆（猪血扁）　湖北省地方品种，各市、县均有栽培。植株蔓生，生长势、分枝性强。茎蔓紫红色，有光泽。叶绿色，心脏形，叶柄及叶脉紫红色。主蔓13～15节开始出现花序，以后每节均着生花序。花浅紫色，每花序有花20朵，结荚8～14个。荚短刀形，长7厘米，宽2.5厘米，紫红色，每荚含种子4～5粒。嫩荚品质好，适于炒食。晚熟。抗逆性强。4～5月育苗或直播，穴施基肥，行株距2米见方，每穴2～3株，7月下旬至10月下旬采收。生长期间重点防治蚜虫和豆荚螟。

5. 白扁豆　四川省成都市地方品种，栽培历史悠久。植株蔓生。叶柄、茎浅绿色，叶绿色。花白色，每花序5～10荚。嫩荚浅绿白色，荚长约10厘米，宽约2.5厘米，半月形，每荚有种子3～5粒。种子椭圆形，白色。较晚熟。3月下旬至4月上旬播种。9月上旬始收嫩荚，可持续到11月末。

6. 红刀豆　重庆市地方品种。植株蔓生。茎、叶柄紫红色，叶绿色。花紫红色，每花序结7～15荚。荚长约10厘米，宽3厘米，紫红色，老熟荚红褐色，每荚种子3～5粒。种子椭圆形，黑色。较早熟。4月上中旬播种，8月下旬至9月上旬始收嫩荚。

7. 猪血扁（红绣鞋）　我国南方地方品种，在上海、武汉、合肥栽培多年。植株蔓生，分枝性强。叶绿色，茎、叶脉、叶柄均紫红色。花紫红色。荚短刀形，紫红色，长约8～9厘米，宽2～2.5厘米，每荚含种子4～5粒。品质佳，质地脆嫩，味香。晚熟。抗逆性强。上海地区5月上旬至6月上旬播种，8月中旬至11月中旬收获。

8. 白皮扁豆　河北省地方品种，承德市郊区栽培面积较大。植株蔓生，生长势强，分枝多。茎蔓浅绿色。小叶片心脏形，叶浅绿色。主蔓第6～7节着生第一花序，花冠白色。嫩荚眉形，白绿色，长11～13厘米，宽3～4厘米，单荚重6～7克。嫩荚纤维少，味浓，品质中上等。每荚有种子4～5粒，种皮灰黑色，脐白色。中晚熟，河北省承德地区播种后80～90天开始采收，耐旱，耐寒，抗病性强。每公顷产嫩荚18 000千克，多于5月上旬播种，穴距50～70厘米，每穴点波种子3～4粒，7月下旬至10月中旬收获。

9. 猪耳朵扁豆　河北省地方品种，北京、唐山、承德市郊区均有栽培。植株蔓生，长势较强，分枝性中等。茎蔓紫红色。叶片绿色，阔卵形。主蔓第6～7节着生第一花序，花冠紫色。嫩荚猪耳朵形，浅绿色，生长后期嫩荚背腹线部紫红色。荚长7.1厘米，宽3.7厘米，厚0.5厘米，单荚重8～10克。种子近圆形，种皮黑色，种脐白色。肉质嫩，味鲜美，品质佳。中熟，河北省种植，播种后75天左右采收嫩荚。耐热，耐寒，耐旱，抗病性强。每公顷产嫩荚18 250千克。河北省北部4月底播种，直播，畦宽1.35～1.40米，每畦播2行，穴距45～50厘米。开穴施底肥，每穴播种子 3～4 粒。7 月中下旬采收，采收期可持续至 10 月底。

10. 紫边扁豆（红边扁豆） 河北省地方品种。植株蔓生，蔓长 2.5 米以上。叶绿色，花紫色，荚浅绿有紫晕。边紫红色。荚长 12.1 厘米，宽 3.6 厘米，厚 0.4 厘米，单荚重 10.2 克，嫩荚纤维少，品质中上等。种子扁椭圆形，黑色。晚熟，当地从播种至采收嫩荚约 80 天。适应性强，抗病。每公顷产嫩荚 18 000 千克。当地多于 4 月中旬到 5 月中旬露地直播，行距 80～100 厘米，株距 50～60 厘米。播前要施足基肥，中后期要适当多浇水，并追肥 1～2 次，7 月上中旬开始采收嫩荚。

11. 四季红鹊豆 台湾省由伊朗引入，经凤山热带园艺试验分所纯化，繁殖推广。早熟品种，株形矮小，分枝少，茎、叶柄、叶脉、花梗、花朵、豆荚紫红色，叶片紫绿色。播种后经 40～50 天即由主蔓第三节叶腋处抽出花梗，长 30～60 厘米。适食时，荚长约 7 厘米，宽约 2.8 厘米，重约 5 克，荚质柔软，品质优良。每荚种子 3～5 粒，成熟种子黑褐色。

12. 常扁豆一号 湖南常德市师范学院生物系特种蔬菜研究所选育。主蔓长 4.1 米，50 厘米以下分支 2.7 个，节间长 12.0～18.5 厘米，第一分枝在立蔓的第三节位上，第一花序一般产生于主蔓第二节上，花序长 18.0～45.5 厘米，花紫红色，每花序结荚 6～10 个，鲜荚长 9.57 厘米，宽 3.0 厘米，厚 0.54 厘米，单荚重 7.15 克，每荚种子 5 粒左右，荚眉，淡白色。单株总花序 81 个左右。春季 4 月中下旬播种至始收嫩荚约 80 天。每公顷产嫩荚 45 000～52 500 千克。

13. 常扁豆二号 湖南常德市师范学院生物系特种蔬菜研究所选育。主蔓长 3.4 米，主蔓 50 厘米以下分支 3.2 个，节间长 12.1～17.0 厘米，第一次分枝一般于主蔓第三节位上，第一花序一般产生于主蔓的第 2 或第 3 节位上，花序长 15.1～42.2 厘米，花白色，每花序结荚 7～12 个，鲜荚长 9.66 厘米，宽 2.57

厘米，厚 0.57 厘米，单荚重 6.7 克，荚果眉形，淡绿色。每荚种子 6 粒左右，单株总花序 69.5 个。从播种到始收嫩荚约 80 天。每公顷产嫩荚 45 000～52 500 千克。

14. 苏扁 1 号　江苏省农业科学院蔬菜研究所选育。早熟。植株蔓生，长势较强。主蔓 50 厘米以下分枝 2～3 个，第一花序一般着生于主蔓第三节。花冠紫红色，荚镰刀形，嫩白色，荚长 10.5 厘米，宽 3.7 厘米，平均单荚重 6.8 克。单荚籽粒数 5～6 个。早春大棚栽培，播种至始收 115 天左右；露地栽培，播种至始收 65～70 天。无限结荚习性，幼茎绿色，成熟茎枯黄色，株高 3.2 米，叶片长椭圆形，花色紫红，成熟荚淡白色，种子紫红色，圆形，脐色白，百粒重 32 克左右。大田鲜荚产量 30 000 千克/公顷，适于鲜荚生产。（见图 1：苏扁 1 号）

15. 苏研红扁豆　江苏省农业科学院蔬菜研究所选育。极早熟。植株蔓生，生长势、分枝能力强。花序高 22.5～34.9 厘米，花淡紫色，每花序结荚 9～19 个。嫩荚深紫红色，着色均匀，平均荚长 9.4 厘米，宽 2.5 厘米，厚 0.98 厘米，单荚重 10.5 克。每荚有种子 6～7 粒，种子棕黑色。第 4～8 节着生第一花序。大棚栽培，6 月上中旬开始采收鲜荚。较抗枯萎病、霜霉病。无限结荚习性。幼茎绿色，成熟茎枯黄色。株高 3.3 米，叶片长椭圆形，花色紫红，成熟荚淡白色，种子紫红色，圆形，脐色白，百粒重 31 克左右。大田生产早期（8 月份之前）产量占总产量的 50%以上，鲜荚产量 40 000 千克/公顷。（见图 2：苏研红扁豆）

16. 苏扁 2 号　江苏省农业科学院蔬菜研究所选育。早熟。植株蔓生，节间较短，生长势较强。特早熟，播种出苗后 65 天左右即可采收，可连续采收 3～4 个月。花紫红色，嫩荚眉形，白绿色，荚长 9.5 厘米，荚宽 2.6 厘米，单荚重 6.5 克。种子黑色。前期产量占总产的 65%左右。无限结荚习性。幼茎绿色，成熟茎枯黄色。株高 3.5 米。叶片长椭圆形，花白色，成熟荚淡白色，种子黑色，圆形，脐色白，百粒重 36 克左右。大田生产，

平均产青豆荚 40 000 千克/公顷以上，适于鲜荚生产。（见图 3：苏扁 2 号）

17. 银月亮、红月亮 江苏省农业科学院蔬菜研究所选育。极早熟。对日照长度不敏感，耐低温弱光，早熟，丰产，大荚，商品性佳，已在江苏、山东、安徽等地示范推广。适宜于长江中下游地区早春保护地栽培和露地早熟栽培。

银月亮：植株蔓生，长势较强。主蔓 50 厘米以下分枝 2～4 个，第一花序一般着生于主蔓第 2 节。花冠紫红色。商品荚镰刀形，嫩白色。荚长 9.5 厘米，宽 3.0 厘米，平均单荚重 6.5 克。单荚种粒数 4～5 个。早春大棚栽培，播种至始收 110 天左右，露地栽培播种至始收 60～65 天。

红月亮：植株蔓生，长势健旺。主蔓 50 厘米以下分枝 2～4 个，第一花序一般着生于主蔓第 3 节。花冠紫红色。商品荚镰刀形，荚面青绿色，边缘淡紫红色，荚长 11.0 厘米，宽 2.9 厘米，平均单荚重 9.0 克。单荚种粒数 4～5 个。早春大棚栽培，播种至始收 110 天左右，露地栽培播种至始收 60～65 天。

18. 湘扁豆 1 号 湘北地区露地栽培，生育期 245 天左右，株高 4.1 米，主蔓 50 厘米以下分枝 2.7 个，节间长 2.8～18.5 厘米。花紫红色，始花序产生在主蔓第 2 节位，每花序结荚 4～10 个。鲜荚眉形，淡白色，长 9.6 厘米，宽 3.0 厘米，厚 0.5 厘米，单荚鲜样重 7.2 克。种子黑色，千粒重 340 克。产量 42 000千克/公顷，前期（6 月 10 日至 8 月 15 日）产量占总产量的 68.8%。

19. 湘扁豆 2 号 主蔓长 3.4 米。6 月初始花，花序长 15.1～42.2 厘米，第 1 花序生长于第 2、第 3 节位上。每花序结荚 7～12 个。鲜荚长 9.66 厘米，宽 2.57 厘米，厚 0.57 厘米。单荚重 6.78 克。荚果眉形，淡绿色。种子棕红色，单株总序 69.5 个。据湘北、湘西多点生产试验示范，上市早，采收季节长。田间表现抗病毒病和枯萎病，抗寒性、耐热性较好。

20. 通研红扁豆　南通市蔬菜科学研究所选育。荚色红艳，早熟，肉厚，商品性好，抗病，高产。植株蔓生，生长势强，分枝能力强。花序高22.9～35.8厘米，花淡紫色，每花序结荚8～18个。荚深紫红色，着色均匀，平均荚长9.2厘米，宽2.4厘米，厚0.95厘米，单荚重10.2克。每荚有种子5～6粒。种子棕黑色，千粒重305克。极早熟，4～10节着生第1花序，大棚栽培6月上中开始采收鲜荚，早期（8月份之前）产量占总产量的50%以上，亩产鲜荚2 500～3 000千克。较抗枯萎病、霜霉病。适合长江中下游地区种植。

21. 洋扁豆　又名利马豆。根系发达，耐旱力强。茎蔓性，复叶，表面光滑无毛。花白色，花序自叶腋生。硬荚，每荚着生种子2～4粒，种子扁椭圆形，干籽粒种皮、种脐均白色，千粒重500克左右。喜温怕冷，种子发芽适宜温度15～20℃，生长适宜温度23～28℃。一般以排水良好的沙壤土为好。

22. 望扁一号　安徽省望江经济作物技术研究所选育。极早熟。生育期短，从出苗到收获只需50天。丰产，每节均有花序产生，每序花可结荚10～12片，采收期长达6个月，每亩可产嫩荚4 500千克。品质佳，颜色嫩白，荚皮光滑，口味纯正，异味少，纤维含量低，适应南北各地方口味。抗性强，耐寒、耐热能力强，抗虫性和抗病性均优于豇豆。适应性广，对土壤和气候要求不严，我国各地均可栽培，特别适合广大蔬菜产区大面积种植。

植株高2.5米左右，蔓生，生长势旺盛，有分枝。花冠紫红，荚长7.5厘米，宽2.5厘米，肉厚，白色，单荚重6～8克，每串结荚10～12片，结荚位极低，第2片叶时就开始节节开花，以后边上、四边开花结荚。采收期6个月以上（春播）。极早熟，在2月份保护地栽培，4月份即可采收嫩荚上市，比常规品种早上市100天左右。产量高，一般每亩产3 000千克嫩荚。适合全国各地种植，露地保护地均可栽培，南方2～7月，北方3～6月均可播种。高抗豆类各病害。重点防治豆荚螟。

23. 定选1号 甘肃省定西地区农旱农中心选育。子粒淡绿色，出苗生长整齐，幼苗深绿色，茎秆、托叶绿色。株型直立，株高22～36.5厘米，长势强。分枝3.5～4.5，花白色，主茎结荚层数4.7～6.8，单株荚数8.4～30.6，荚长1.6厘米，荚宽0.7厘米。每荚粒数1.4～1.8个，株粒数17.4～52.3个，株粒重1.65～2.0克。千粒重32.6～39.0克。生育期72～94天，属早春播中熟品种。抗寒、抗旱能力强，无病害，抗倒伏，适应性广，产量性状好。亩产量最低77.0千克，最高可达125.6千克，平均87.6～118.7千克。适宜在西北山区干旱、半干旱地区和阴湿区旱地种植。目前在甘肃定西，宁夏西吉、固原等地均有种植。

除了以上品种外，目前报道的地方品种还有南通白洋扁豆（长江中下游地区）、南通红洋扁豆（长江中下游地区）、红白筋扁豆（华北保护地）、白花2号扁豆（梅豆）、扁豆286（河北）、德阳扁豆（德阳）、猫儿扁豆（上海）、湘扁豆3号（湖南）、早红边扁豆（扬州）。

三、扁豆设施栽培技术

（一）扁豆设施栽培模式

1. 春季大棚内搭架栽培 长江流域多在2月上旬播种，4月中旬始收；华北地区多在2月上旬播种。

2. 秋冬季冬暖式大棚扁豆栽培 10月上旬播种、育苗，苗龄25～30天，10月下旬至11月上旬移栽定植，12月下旬开始结荚，翌年2～5月采收盛期，6月下旬至7月上旬结荚，多在北方种植。

3. 冬春季冬暖式大棚扁豆栽培 北方地区种植较多，12月中下旬至翌年1月上中旬定植，3月下旬至4月上旬采收至6～7月。

4. 棚室内搭架栽培扁豆变密栽培　一般2月上旬播种，4月中旬上市。

5. 地膜搭架栽培扁豆变密栽培　一般3月上旬播种，5月底开始上市。

(二) 扁豆设施栽培方法

1. 春季大棚搭架栽培

(1) 建棚规格　基于搞好田间管理、充分利用大棚内蓄积的温度，以期实现早播、早上市，达到高产、高效益的目的，塑料大棚的宽度一般以30米为宜，超过30米会增加大棚的管理难度，增加成本。

(2) 栽培技术

选地与整地：扁豆和其他豆类一样，怕重茬。春季种植扁豆，必须选2～3年未种过扁豆的大棚。整地时要彻底清除前茬残留物，拣净杂物，以减少病虫源基数。耕地深度30厘米，并晒地3天，达到适墒后每亩施腐熟优质农家肥5 000千克左右、过磷酸钙40千克、草木灰100千克、碳酸氢铵25千克，然后精心耕耙，达到田平土碎、土肥均匀方可播种。

适时播种：在塑料大棚内搭架栽培扁豆，可采用两膜栽培(扣大棚膜，大棚膜内扣小拱棚膜)，也可以三膜栽培(扣大棚膜，扣小拱棚膜，铺地膜)。一般2月中旬播种。在大棚内种植扁豆，宜选择耐低温、生长速度快、花芽分化早、结荚多且主蔓相对较矮、抗逆性强的品种，如长扁豆一号、极早翠绿、上海早白扁、红肋扁豆等。播种株行距50厘米×60厘米，采用双行种植方式，每穴播籽2～3粒，每亩约用种0.5～0.8千克。

间苗定植：播种一周后，要经常到田间检查。覆盖地膜的，当扁豆苗现青后，应及时破膜放苗，避免因温度高或因苗弯曲时间过长影响幼苗正常生长。划膜时要轻，并顺着苗头略偏方向划口放苗，膜口控制在3～5厘米，切不可伤着扁豆苗。若遇外界寒潮，放苗后及时封穴。半个月后定苗，间去弱苗、病苗、虫苗和杂苗，每穴留壮苗2株，每亩2 200穴左右。若发现有缺苗，应用事先在大棚营养钵育的苗及时补栽。栽时浇足定根水，并采取偏施肥措施，促小苗赶大苗，实现苗齐苗壮。

2. 山地中棚中架小拱棚反季节栽培

（1）培育壮苗　选择生长旺盛、分枝力强、采摘时间长、食味佳、产量高的品种。选择地势高、排灌方便、保水保肥性能较好的非重茬田块作育苗床地。播前15～20天精心整地，并施足基肥。一般每3.5平方米施优质腐熟人畜粪100～120千克、饼肥1.2～1.5千克、磷肥（磷12%）0.5千克，翻倒入土，达到无暗垡，土肥相融的要求。然后制成直径7厘米的营养钵，同时用竹片和薄膜架好4米宽的中棚。

12月上旬选晴好天气播种育苗，播种后在中棚中架小拱棚覆盖，保持小拱棚内温度25℃左右。若超出此温，要通风调节棚温，防止高温烧苗或形成高脚苗；当室外温度降至6℃以下时，在小拱棚覆盖稻草保温，稻草日揭夜盖，防止低温形成老僵苗。移栽前15～20天搬钵蹲苗。当主蔓长出4～5片真叶时，要适时打顶整枝，促子蔓生长，一般每株保留3～4个健壮子蔓。

（2）合理施肥　根据扁豆的需肥特性，肥料施用原则为重基肥，轻追肥，多次补施荚肥，以满足其早生花序、早开花结荚的需要。基肥以有机肥为主，定植前每亩基施优质腐熟有机肥（鸡杂灰）1 000～1 200千克。定植后追施苗肥，每亩施优质腐熟有机肥（人畜粪水）300～500千克、尿素2～3千克；当第一批嫩荚采收后，每亩施硫酸系列复合肥30～40千克，或用尿素10～12千克、五氧化二磷（12%）20～25千克、氧化钾肥（50%）8～10千克复配施入，以后每批采收后根据苗情补施尿素3～5千克，促其多生花序、多开回头花，提高单位面积产量，长势旺盛的可减少用量和补施次数。肥料施用方法，基肥面施后耕耖整地施入，追肥在距根15～20厘米处开行条施或穴施。同时在花荚期每亩叶面喷施含硼、钼等微量元素叶面肥3～4次，每次用量100～120克，间隔时间7～10天，以提高扁豆品质。

（3）田间管理

适时定植：为争取扁豆早上市，要适时定植，定植密度按行距1.6米、株距0.5～0.8米，每亩植600株。2月中旬定植的扁豆，搭简易薄膜小棚防寒。定植后，小拱棚内温度保持20～30℃，但不能超过35℃。

整枝摘心：移栽定植后子蔓长至30厘米左右时，要及时搭人字架引蔓上架，架高控制在2米左右。反季节栽培，因其播种早、生育期长，枝叶易徒长，应及时打顶摘心，以促进花序生育，早开花，早结荚，早上市，结荚盛期及时整枝是延长采收期的重要技术措施。方法是：扁豆定植后，子蔓长至50厘米时及时摘心，促使下部多生孙蔓侧芽，多开花，多结荚；进入结荚盛期，剪去下部老枝、老叶和荚少的侧枝，改善田间通风透光条件，特别是进入高温季节更应坚持整枝摘心，以实现控制植株徒长，延长结荚时间，如出现荫蔽，会推迟结荚，降低产量。

揭膜、调控水分：反季节栽培，春季要及时揭膜撤棚，在3月下旬至4月上旬气温回升时揭去薄膜小棚；由于水分对扁豆生长发育影响较大，苗期水分供应不足，生长缓慢，早苗达不到早发要求；开花结荚期若水分供应不足，影响开花结荚，从而影响产量和品质。因此，在土壤墒情差、植株叶片中午萎蔫时要注意补水，以保证扁豆正常生长发育，提高产量和品质。撤棚后扁豆进入露地生长期，在梅雨季节雨水较集中，要开好田间沟，防止明涝暗渍。

（4）适时收获，合理采摘　第一批采收在开花后18～20天，嫩荚内籽粒开始饱满时及时采收，一般可采收3～4批。

3. 棚室秋冬茬高产高效栽培

（1）选择良种　宜选豆荚均匀、宽厚、纤维少、单荚重、生长期长、抗病性强、品质优良、增产潜力大的品种，如苏扁豆一号等。

（2）整地施肥　结合前茬最后一次浇水，浇足底墒水。前茬收后，每亩施有机肥 0.8～1.0 吨、尿素 40 千克、过磷酸钙 100 千克、硫酸钾 50 千克。深耕 30 厘米，耙透耙细。南北向作畦，畦宽 1.1～1.2 米，高 8～10 厘米，整平待用。播前浇足苗床水，播后切忌浇灌蒙头水。

（3）除草覆膜　作畦后，每亩用乙草胺 120～150 毫升或 90%禾耐斯 30～40 毫升，对水 50～60 升，均匀喷洒畦面。随即用薄膜覆盖，两边用土压严。

（4）播种定苗　一般秋、冬茬在 9 月中下旬播种，早春茬在 12 月下旬至翌年 1 月上旬播种。播前选粒大饱满、色泽鲜艳、无病虫种子，选晴天晒种，2～3 天内播完，以促进发芽整齐。在畦面上按计划打孔，覆土播种，并在孔上盖一把湿土，有引苗露出膜面的作用。每畦种 2 行，2 行间隔 40～50 厘米，穴距 30～35 厘米，每穴播种 3～4 粒，不可播种过深或过浅，以 1.5～2 厘米为宜，每亩需种子 3.5～4 千克。苗床土壤温度以维持在白天 20～26℃、夜间 16～18℃为宜。播后 7～9 天即可出苗。

出苗后及时查苗，去除膜上过多的土堆，使 2 片叶露出膜面。对缺苗处及时用后备苗补缺。当植株长出 2 片真叶时，每穴留 2 株壮苗，其余去除。

（5）控制温度　出苗前温度保持在 25～30℃，以促幼苗迅速出土；出苗后降温 20～25℃，防止出现高脚苗。若温度偏高，出苗过快，下胚轴伸长得过长而细，幼苗不够墩实。温度偏低，出苗慢，幼苗生长不旺。待真叶展开后，白天温度要降至 20℃左右，夜间保持 12～15℃，以蹲苗促壮。3～4 片真叶后，白天要升至 22～25℃，夜间保持在 12～15℃，当温度超过 25℃时，应通风降温。

开花结荚期应保持适温，防止棚温过高或过低。扁豆开花结荚适宜温度范围 16～27℃，以 18～25℃为最适，低于 15℃和高于28℃对开花结荚不利，会加重落花落荚。当棚温高于28℃时，要通风降温。高于32℃不仅会造成大量落花落荚，而且严重影响嫩荚品质。

（6）追肥浇水　苗期一般不浇水，过分干燥，可浇小水。现蕾后适当浇水，以促进植株生长发育，但水量不可过大，以免蕾、花脱落。在地膜覆盖栽培条件下，宜采用膜下浇暗水的方法，随水冲施速效化肥或腐熟人粪尿。扁豆喜硝态氮而不喜氨态氮，氨态氮肥施用过多时会抑制植株生长发育。所以，开花结荚肥以尿素、三元复合肥为好。在下部花序结荚期，一般12～15天浇水、追肥一次，每次每亩施三元复合肥10千克左右；在中部花序结荚期，一般隔8～10天浇一次水，追一次肥，每次每亩冲施尿素7～8千克；上部花序开花期、结荚期和侧枝翻花结荚期，一般10天左右浇一次水、追一次肥，每次每亩冲施尿素和硫酸钾各5千克，以满足植株生长发育的需求。为增加产量，现蕾后可用二氧化碳发生器增施二氧化碳气肥。

（7）植株调整　当幼苗长至30～35厘米时，及时用塑料绳吊蔓，不要让主蔓一次爬到棚顶，在龙头即将爬到棚顶时落蔓。结荚中、后期为改善透光条件，要将中、下部的老黄叶及时摘除，并在茎叶过密处疏去部分叶片和抹掉晚发的嫩芽。5月上中旬当外界气温超过20℃后撤去棚膜，让枝蔓在棚架上生长，直到倒蔓。

（8）保花保荚　日光温室内光照弱，易落花落荚，可在开花期用5～10毫升/千克萘乙酸或1～5毫升/千克防落素喷洒，减少落花，增加产量。

（9）适时采摘　播后50～60天或谢花后8～10天，嫩荚停止生长，种子开始发育，荚果长得最长，鲜重最大，菜用商品品质最好，即应采摘。一般前期每隔4～5天采收一次，盛期隔2～3天采收一次（或根据市场需求及时采收）。每花序上有8～10个花芽，而开花结荚的只有3～5个。采摘时，要注意保护好花芽，采摘头茬豆荚后，保留的花芽会加速发育，开花结第二茬荚。采收后期，若不急于倒茬，可进行剪蔓。剪蔓时，基部保留10～15 厘米的老蔓。

4. 棚内搭架变密栽培 扁豆生长进入中期后，拔掉弱株、旺株、结荚少的株，使密度变小，获得高产。是目前正在推广的一项新技术。扁豆变密栽培，因选用品种不同，其密度要求亦不相同。密度大小，取决于当地温、光、水、气、热条件，整枝次数与程度，水肥供应状况等。扁豆变密栽培主要在春季进行。

（1）选棚整地施肥 忌重茬，对大棚定期轮作，这是实现丰产的基础。整地时彻底清除前茬残留物，并带出田外集中烧毁或深埋，以减少病虫源基数。耕地时要深耕，达到 30 厘米，并晒田 2～3 天，使土晾至适墒，每亩施无污染农家肥 3 000～5 000 千克、过磷酸钙 40～50 千克、草木灰 100 千克、碳酸氢铵 20～30 千克，随后精耕细耙，达到田平土碎、土肥融合。提倡规格作畦，在畦中心犁沟施入肥料，其优点是养分能集中供应扁豆生长发育，减少肥料浪费，提高了肥料利用率。

（2）适时播种 在大棚内搭架栽培，多采用两膜（扣大棚膜，大棚内扣小拱棚膜），也可三膜栽培（扣大棚膜，大棚内扣小拱棚膜，铺地膜）。播种一般在 2 月上旬，对品种的要求是耐低温，生长速度快，花芽分化早，结荚多而早，且主蔓相对矮，抗逆性强。目前，可选用的品种有极早翠绿，苏扁 2 号等。

（3）间苗定苗 在扁豆播种一周后，要经常到田间检查。铺地膜的，当苗现青后及时破膜接苗，以防高温或弯曲时间过长，影响苗正常生长。轻划膜，并顺着苗头略偏方向放苗，膜口控制在 3～5 厘米，不伤苗。若遇外界寒潮，放苗后及时封窝，半个月后定苗。间去弱苗、病虫苗、杂苗，每穴留壮苗 2 株，每亩 2 200穴左右。发现有缺苗要及时补栽，栽时用 10％清水粪作定根水浇足，并采取偏施肥等措施，促小苗赶大苗，实现全田苗齐、壮苗。

（4）搭架整枝　当苗长到25厘米，及时搭人字架，引蔓上架，其架高控制在1.8米左右。当茎蔓长出5～6片叶时，开始打顶摘心，留3～4个健壮蔓，促生子蔓；当子蔓长出2～3片叶时，摘心，促生花序，同时也促生孙蔓；当孙蔓长出3～4片叶时，摘心，可促早生花序。采取连续三次整枝摘心，力争达到矮生栽培，实现以侧枝结荚为主，整个植株保持丛生状。

（5）疏株　扁豆生长进入中期后，一方面继续进行营养生长，另一方面开花结荚进入盛期。植株间争水争肥矛盾突出；加上畦面不平整，施肥不均，生长在肥多地方的植株，因七、八、九月3个月雨量充沛、肥供应足，植株易疯长，只长叶，植株开花结荚少而小；生长在肥少地方的植株，因肥供应不足，开花结荚少，植株生长势弱，荚生长慢；有的植株因病虫危害，生长慢，开花少，结荚少。因此，必须进行疏株。疏株应掌握以下原则：一是不疏健壮苗；二是疏株不超过总株数的1/3或1/2；三是对健壮株病虫害严重的个别侧枝要坚决剪掉，以确保株数、增产增收。

（6）合理浇水　扁豆虽然耐旱性较强，但整个生育期间仍需足够的水分供应，才能正常生长发育。苗期生长量小，需水较少，应做到见干见湿管理。开花结荚期因株体高大，需水较多，要保证足够水分供应，此时若水分供应不足，极易造成生长缓慢，开花结荚少、果荚发育慢，甚至落花、落荚、落叶。在中午苗子萎蔫，要及时灌跑马水；畦面湿润时要排水，以防渍水，造成沤根或根系窒息，影响根系生长。

（7）适量追肥　随着栽培技术的改进，扁豆产量成倍增长。适量追肥是进一步提高产量的重要措施之一。苗期叶面喷施黑状元叶面肥300倍液，一般在晴天中午前后进行，下午盖膜时以叶片能干为标准。开花结荚期土壤相对较干，可追施复合肥10～15千克。采收时，每采收1～2次，每亩穴施尿素2～3千克，若土壤稍干，可叶面喷施0.2%～0.3%磷酸二氢钾、0.1%硼砂、0.05%钼酸铵溶液，亩喷50～60千克，每隔7～10天喷一次，连喷3次即可。

(8) 采收　棚栽扁豆一般在4月中下旬上市，应及时采收，既可获得高收益，又可为上层果荚提供更多的营养，促其快速发育。春扁豆从开花到鲜荚成熟，约需18天左右。采摘时要一手捏住果序，一手轻摘豆荚，尽量不要损伤果序，以利其多开回头花，增加产量。

5. 日光温室长季节栽培

(1) 播种育苗

苗床准备：播种苗床为南北向平畦，畦宽1～1.5米。畦面耧平并稍加镇压。

装营养钵：将事先配制好的疏松、透气、无病虫害、保肥保水力强的营养土装入口径6.5～8厘米的营养钵中，自然状态下八成满即可。将装好营养土的营养钵整齐地码放在苗床上。

浇底水：营养钵码放完毕后，向苗床灌底水，以水漫过钵口为宜。

播种：等底水渗下后，在钵中撒0.5厘米厚的营养土，然后播种。每钵播2粒饱满、无病虫害的新籽，放在营养钵中央位置。

覆土：播种后立即覆盖营养土，厚度以2～3厘米为宜。

苗期管理：因苗期较短，一般出苗后至栽苗前不需进行管理。为防止蚜虫等危害，在苗前喷一次吡虫啉等农药。

苗龄控制：8月播种的，时间苗龄10天左右；9月播种的，时间苗龄10～15天左右。生理苗龄均为2叶1心。

(2) 定植前期准备及幼苗定植

棚室消毒：前茬蔬菜拉秧前，每亩温室用硫黄粉2 500克、敌敌畏500克熏蒸，并高温闷棚5～7天。

肥料准备：每亩温室准备优质腐熟有机肥12～15米^3、发酵鸡粪750～1 500千克，并根据土壤肥力状况准备适量氮、磷、钾化肥。一般准备氮、磷、钾复合肥 25 千克左右。

整地作畦：定植前翻耕整地，结合整地施入底肥。有机堆肥与 4/5 鸡粪、化肥旋耕前铺施。旋耕后，耙平地面，拉线作南北向改良小高畦。小高畦底部宽 80 厘米，顶部宽 70 厘米，高10～12 厘米，顶部沟宽 50 厘米，深 6～7 厘米，力求慢跑水状，畦距 1.5 米。小高畦做好后，将余下的 1/5 鸡粪与化肥施入小高畦浅沟内，注意粪土掺和均匀。

定植：幼苗长到 2 叶 1 心时立即定植。选择大小基本一致的壮苗，栽在小高畦浅沟两侧，紧挨沟帮栽。两行间距 50 厘米左右，穴距 50 厘米，把苗坨埋入土中 1 厘米左右为宜。每亩温室定植 1 600 株（穴）左右。

（3）定植后管理

查补苗与间苗：定植后两三天内及时查苗，发现死苗、缺苗及时补栽。缓苗后及时间苗，每穴保留 1 株健壮的幼苗。

浇水：定植后立即浇水，水量要大些。地不黏时，及时中耕铺膜。结荚前，地不干、植株不显缺水时，一般不浇水。结荚后，开始浇水，后以畦土见干见湿为宜。寒冷季节尽可能不浇水、少浇水，在晴天上午浇水。温度较高的季节，浇水适当勤一些，水量大一些。在晴天早晨或傍晚浇水。

追肥：植株结荚时，一般不进行根际追肥，只用 0.3%的磷酸二氢钾叶面喷施 2～3 次。第一批嫩荚采收后，结合浇水，随水冲施一次有机肥（如发酵鸡粪等）或有机冲施肥。以后视结荚情况、植株长势及时追肥若干次，以补充养分，满足植株不断生长、开花、结荚的养分需要。

植株调整：植株甩蔓后，及时吊绳、绕蔓，一蔓一绳。单蔓整枝，蔓长到 1.5～2 米长时（根据棚体高度）及时去顶，侧蔓长出后，留两片叶，去掉顶梢；生长旺盛期过后，随时摘去发黄老叶、花序。第一批嫩荚采收后，除去先端细弱部分，若侧枝发生较多，摘除部分细弱侧枝。

通风：高温季节要尽量加大通风，使棚内温度尽可能接近扁豆生长适宜温度（白天20～30℃；夜间10～15℃）。寒冷季节晴天白天温度达到25℃以上，要及时打开通风口通风，低于20℃时，及时关闭通风口，夜间努力使棚温在5℃以上。

（4）采收　当嫩荚充分长大、豆粒尚未显突时，及时采收。采收时不伤及未长大的幼荚和花蕾。

6. 冬暖棚冬春茬栽培

（1）品种选择　选用豆荚均匀、纤维少、单荚重、抗病性强的品种。

（2）施足基肥　冬暖式大棚栽培扁豆，生长期长，需肥量大，应重施基肥，一般亩施优质腐熟鸡粪4 500千克、磷肥100千克、钾肥50千克，结合施肥深翻30厘米，精细整平，然后起垄。

（3）高垄栽培　覆盖地膜实行高垄单行栽培，垄高15厘米，宽40厘米，垄距40厘米，用150厘米宽幅地膜采取隔沟盖沟，然后在垄上定植扁豆。

（4）适时播种　播种日期选择秋分前后5天播种育苗为宜，以保证春节市场供应。采取畦内浇水切块后再播种，以便带土坨定植。扁豆秧苗3～4片真叶时定植，按1垄栽1行，1米3穴，1穴2棵的比例移栽。不可过密，以防秧苗徒长，落花落荚。

（5）管理措施　①播种出苗前保持25～30℃，促进幼苗迅速出土，以减少养分消耗。出苗后降低苗床温度，以20℃～25℃为宜，防止出现高脚苗。真叶展开后保持20℃，定植前5～6天进行18～20℃低温炼苗。定植缓苗后棚温白天维持20～25℃，夜间12～15℃，不能低于10℃。进入严冬，若遇短时冷凉天气，应采取临时点火增温。②定植前施足底肥，一次浇足底水。定植后至开花前一般不浇水，特别干旱只浇小水。开花结荚后加强肥水，维持植株长势，促进荚果生长。一般7～10天浇一次水，顺膜下垄沟暗浇，应选择晴天上午进行，浇后及时放风排湿。隔一水追肥1次，每次亩追三元复合肥5～10千克，间隔2次追尿素5～10千克。为增加产量，扁豆现蕾后增施二氧化碳气肥。③幼苗甩蔓后用吊绳吊架，6月上旬外界夜间最低气温超过15℃后撤去棚膜，可以让扁豆枝蔓在棚架上放任生长，直至倒蔓，但注意适当引蔓。

(6) 适期施用生长调节剂　①缓苗后叶面喷施 $1\ 500\times10^{-6}\sim2\ 000\times10^{-6}$ 矮壮素液，每棵100～200毫升，可有效防止叶蔓徒长，缩短蔓长，增加根系数量，利于扁豆在大棚有限的空间内分布、生长，并获得高产。②为促进花芽分化，早开花，分枝多，结荚多，扁豆伸蔓期开始喷施 200×10^{-6} 的增豆稳，间隔10～15天，连喷3～4次。③冬季日光温室光照弱、温度低，易落花落荚，于开花期用 $5\times10^{-6}\sim10\times10^{-6}$ 萘乙酸涂花。

(7) 采收　扁豆开花后18天左右，嫩荚已长大但尚未变硬时采摘。采荚时勿伤花序。采收后期，若不急于倒茬，可剪蔓，改善通风透光环境，促进侧蔓萌生和潜伏花芽开花结荚，延长采收期。

四、扁豆病虫害及其防治

(一) 苗期病害防治

扁豆苗期主要病害有立枯病、猝倒病。

床土消毒：每平方米用50%多菌灵可湿性粉剂8～10克加干细土0.5～1.5千克拌成药土，于播种前撒垫1/3药土在苗床上，余下药土播种后撒施覆盖在种子上；苗期发病初期，用50%甲基托布津可湿性粉剂600倍液喷洒幼苗和床面，隔5～7天一次，喷洒2～3次。

(二) 花荚期病虫害防治

花荚期主要病虫害有灰霉病、潜叶蝇、豆荚螟、斜纹夜蛾等。

由于灰霉病侵染速度快，病菌抗药性强，防治时宜采用农业防治与化学防治相结合的方法。

1. 农业防治　加强棚室环境调控，要求适温低湿，加强排风除湿，及时人工摘除病叶病荚，并带出棚外深埋，有利于防止病害的发生和发展。

2. 化学防治

（1）当发现灰霉病病叶、病荚零星发生时，用50%速克灵可湿性粉剂或50%扑海因可湿性粉剂800～1 000倍液，于晴天上午全株喷雾，并通风降湿，连续喷洒2～3次，每次间隔5～7天。

（2）潜叶蝇在产卵盛期至孵化初期选用2.5%敌杀死乳油1 500倍液，喷洒2～3次，每次间隔5～7天。

（3）豆荚螟防治药剂可选用2.5%敌杀死乳油1 500倍液或1.8%阿维菌素4 000～5 000倍液喷洒，始花期和盛花期在上午8～10时喷在花序上，喷洒2次，间隔时间5～7天；豆荚期在傍晚害虫活动时施药。

（4）防治斜纹夜蛾可选用5%抑太保1 000倍液或10%除尽3 000～5 000倍液，在清晨或傍晚害虫出来活动时对准豆荚喷雾。最后一次用药时间应与采收间隔时间在20天以上。

（三）其他病虫害防治

1. 褐斑病　与非豆科作物轮作；配方施肥，提倡施用有机肥；清洁田园，冬前深翻，减少菌源；及时排涝降湿。发病初期喷洒50%多菌灵可湿性粉剂，每10千克水中加药20克，隔7～10天一次，连续防治2～3次。

2. 病毒病　选用抗病品种；无病种留种；加强肥水管理。治蚜防病，在发病初期及时喷洒20%病毒A可湿性粉剂，手动喷雾器每桶水加药20克，视病情发展，隔7～10天防治2次即可。

3. 红蜘蛛　铲除田边杂草，清除残株败叶；保护天敌，红蜘蛛天敌有30多种，应发挥天敌自然控制作用。发生时可选用

15%扫螨净乳油，每桶加药10毫升，由下向上喷雾防治。

4. 豆荚螟　实行与非豆科作物1～2年轮作；秋冬及时耕翻土地，消灭越冬虫源。成虫盛发期和卵孵盛期，可用2.5%溴氰菊酯（敌杀死）乳油，对准花蕾、豆荚均匀喷雾，每10千克水中加药4毫升，每7～10天一次，连喷2次。

5. 白粉病　用50%多菌灵500倍液或77%可杀得500～700倍液喷雾。

6. 锈病　用12.5%特普唑2 500～3 000倍液或80%新万生500～600倍液喷雾。

7. 蚜虫　用50%辟蚜雾2 500倍液或10%吡虫啉2 000倍液喷雾。

8. 白粉虱　用10%扑虱灵2 000～2 500倍液或2.5%天王星2 500倍液、21%灭杀毙2 000倍液喷雾。

参考文献

陈新，蔺玮，江河，等.2009.适合南方地区种植的3个扁豆新品种及其高产栽培技术（3）：204-205.

程须珍，王述民.2009.中国食用豆类品种志.北京：中国农业科学技术出版社.

崔召明.2009.白扁豆品种特性及优质高产栽培技术.上海蔬菜（6）：33-34.

方家齐，张红宇，吴健妹.2001.扁豆新品系～96～1.长江蔬菜（3）：31.

李进，顾绘，许逢美，胡桂华.2006.扁豆新品种——通研红扁豆.蔬菜（9）：6.

彭友林，王新明，李密，等.2001.特早熟扁豆新品种“湘扁豆1号”.园艺学报，28（5）：480.

钱春松.2007.地方特色蔬菜——洋扁豆.上海蔬菜（2）：28.

汪仁银，汪送宝.2001.优质早熟扁豆新品种——望扁1号.农业科技通讯（4）：35-36.

吴俊平 . 2006. 长江红镶边扁豆早熟栽培技术 . 农业科技通讯（3）：37.
徐月华，徐培根，葛小丽，仲卫华，孙亚军，杨和文，彭玉林 . 2010. 大棚扁豆高效栽培技术 . 上海农业科技（1）：92.
闫庆华，等 . 2001. 白花 2 号极早熟扁豆 . 河南科技（6）：17.
杨志英 . 2004. “红筋白”扁豆日光温室长季节栽培技术 . 蔬菜（7）：13.
运广荣 . 2004. 中国蔬菜实用新技术大全：北方蔬菜卷 . 北京：北京科学技术出版社 .
张继增，王志坚，王国民，等 . 2008. “农家种”扁豆种制及加工技术 . 河南农业：教育版（8）：44.
钟梓章 . 2002. 湘扁豆 2 号 . 湖南农业（1）：5.
庄勇，严继勇 . 2001. 扁豆新品种——银月亮、红月亮 . 长江蔬菜（12）：11.
邹学校 . 2004. 中国蔬菜实用新技术大全：南方蔬菜卷 . 北京：北京科学技术出版社 .

苏奎1号毛豆

毛豆大棚栽培

毛豆地膜覆盖栽培

长豇豆

长豇豆大棚栽培

菜豆大棚栽培

菜豆（四季豆）

大棚菜豆

蚕豆大棚栽培

扁　　豆

苏扁2号

豌豆日光温室
栽培

科豌2号

无须豌171

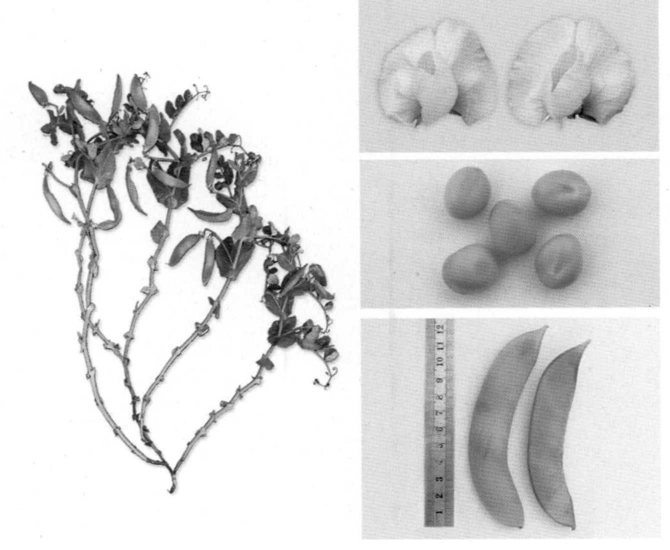

上农4号大青豆

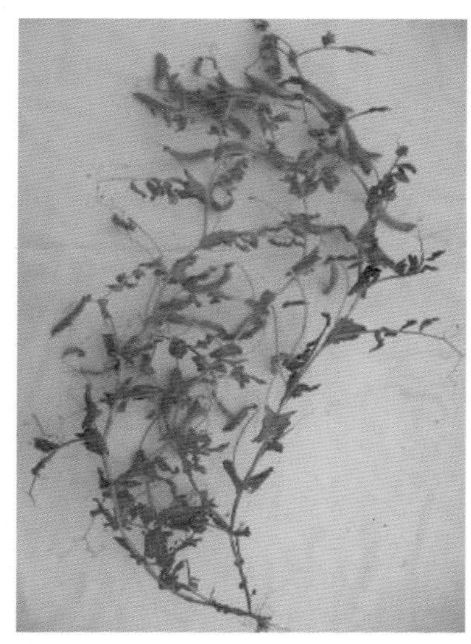

台中11号

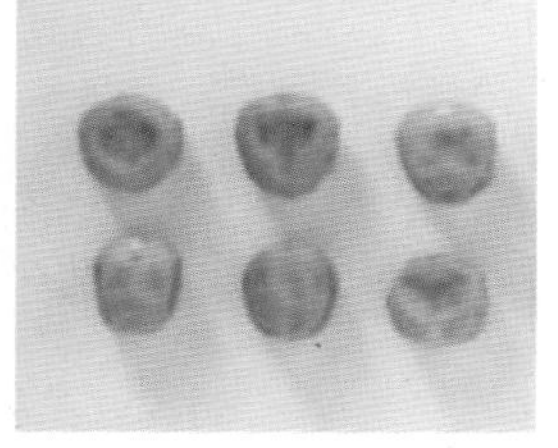

甜脆761

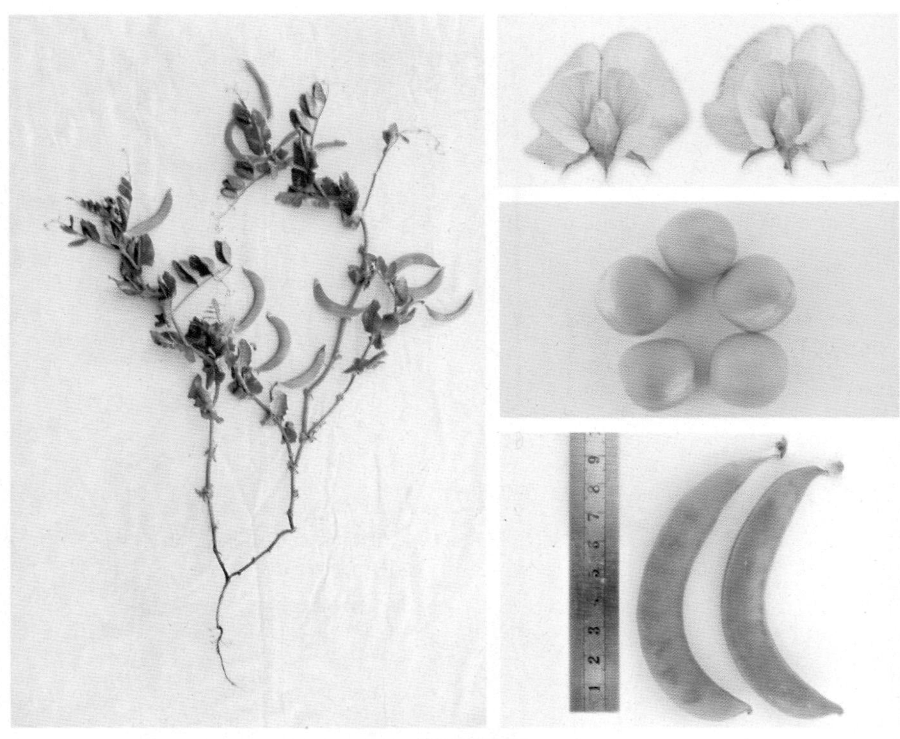

食荚甜脆豌1号

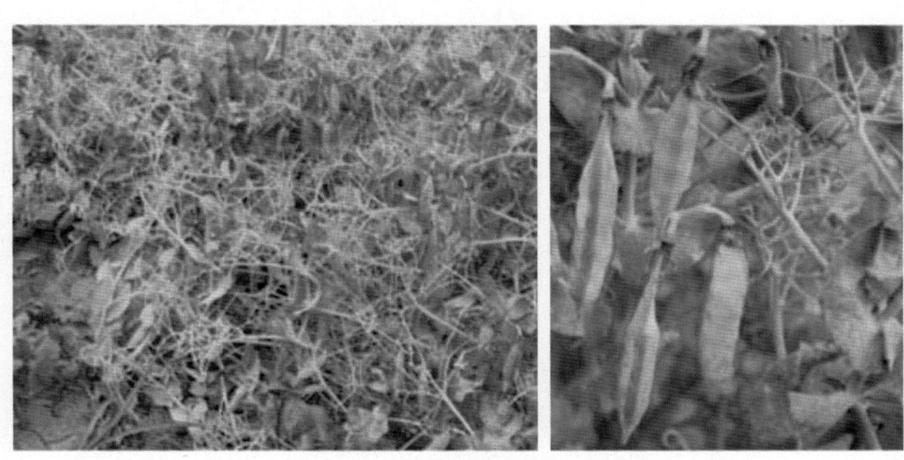

豌豆白粉病病田及病荚部症状

豌豆褐斑病（示叶和荚病状）

豌豆霜霉病症状（示叶托背面和茎秆霉层）

豌豆褐纹病（示叶部病征和茎部坏死）

豌豆链格孢叶斑病症状

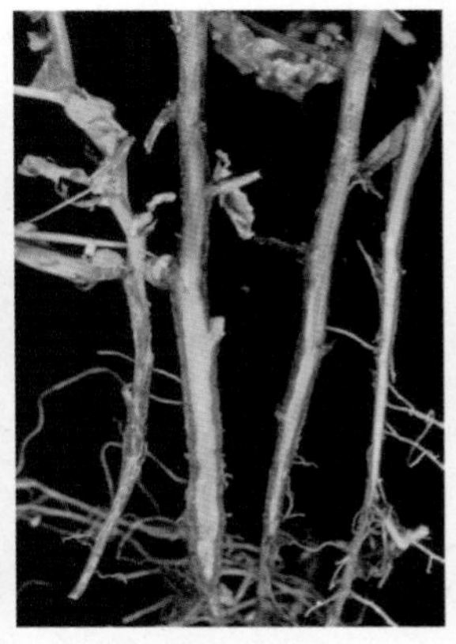

豌豆丝囊菌根腐病病田及发病植株韧皮部症状

豌豆种传花叶病毒侵染后的叶、花、种子

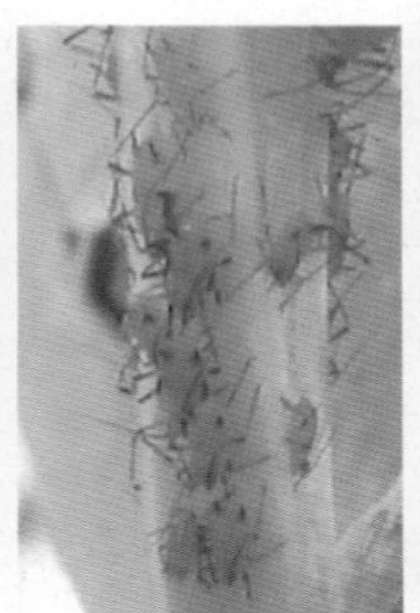

豆蚜、豌豆蚜和桃蚜